油库技术与管理系列丛书

油库设备维护与抢修

马秀让　主编

石油工业出版社

内 容 提 要

本书内容包括油库设备技术检查与鉴定通用要求、油库设备维护检修和油库设备应急抢修等3部分。详细介绍了油罐、输油管线、泵机组、通风机组及阀门的技术鉴定要求，油库设备维护检修的基本要求、组织实施及钢制油罐不动火修补法，钢质油罐、输油管路、阀门、法兰的应急抢修及安全管理等内容。

本书可供油料系统各级管理者、油库业务技术干部及油库一线操作人员阅读使用，也可供油库工程设计与技术人员和相关院校师生参阅。

图书在版编目（CIP）数据

油库设备维护与抢修/马秀让主编.—北京：
石油工业出版社，2017.4
　　（油库技术与管理系列丛书）
　　ISBN 978-7-5183-1791-2

　　Ⅰ.①油…　Ⅱ.①马…　Ⅲ.①油库-设备检修
Ⅳ.①TE972

中国版本图书馆 CIP 数据核字（2017）第 029370 号

出版发行：石油工业出版社
　　　　　（北京安定门外安华里2区1号　　100011）
　　　　　网　址：www.petropub.com
　　　　　编辑部：（010）64523583　图书营销中心：（010）64523633
经　　销：全国新华书店
印　　刷：北京中石油彩色印刷有限责任公司

2017年4月第1版　2017年4月第1次印刷
710×1000毫米　开本：1/16　印张：9.5
字数：182千字

定价：42.00元
（如出现印装质量问题，我社图书营销中心负责调换）

序一

读完摆放在案头的《油库技术与管理系列丛书》，平添了几分期待，也引发对油库技术与管理的少许思考，叙来共勉。

能源是现代工业的基础和动力，石油作为能源主力，有着国民经济血液之美誉，油库处于产业链的末梢，其技术与管理和国家的经济命脉息息相关。随着世界工业现代化进程的加快及其对能源需求的增长，作为不可再生的化石能源，石油已成为主要国家能源角逐的主战场和经济较量的战略筹码，甚至围绕石油资源的控制权，在领土主权、海洋权益、地缘政治乃至军事安全方面展开了激烈的较量。我国政府审时度势，面对世界政治、经济格局的重大变革以及能源供求关系的深刻变化，结合我国能源面临的新问题、新形势，提出了优化能源结构、提高能源效率、发展清洁能源、推进能源绿色发展的指导思想。在能源应急储备保障方面，坚持立足国内，采取国家储备与企业储备结合、战略储备与生产运行储备并举的措施，鼓励企业发展义务商业储备。位卑未敢忘忧国。石油及其成品油库，虽处在石油供应链的末梢，但肩负上下游生产、市场保供的重担，与国民经济高速、可持续发展息息相关，广大油库技术与管理从业人员使命光荣而艰巨，任重而道远。

油库技术与管理包罗万象，工作千头万绪，涉及油库建设与经营、生产与运行、安全与环保等方方面面，其内涵和外延也随着社会的转型、能源结构及政策的调整、国家法律和行业法规的完善，以及互联网等先进技术的应用而与时俱进、日新月异。首先，随着中国社会的急剧转型，企业不仅要创造经济利润，还须承担安全、环保等社会责任。要求油库建设依法合规，经营管理诚信守法，既要确保上游平稳生产和下游的稳定供应，又要提供优质保量的产品和服务。而易燃、易爆、易挥发是石油及其产品的固有特性，时刻威胁着油库的安全生产，要求油库不断通过技术改造、强化管理，提高工艺技术，优化作业流程，规范作业行为，强化设备管理，持续开展隐患排查与治理，打造强大作业现场，实现油库的安全平稳生产。其次，随着国家绿色低碳新能源战略的实施及社会公民环保意识的提升，要求油库采用节能环保技术和清洁生产工艺改造传统工艺技术，降低油品挥发和损耗，创造绿色环保、环境友好油库；另外，随着成品油流通领域竞争日趋激烈，盈利空间、盈利能力进一步压缩，要求油库持续实施专业化、精细化管理，优化库存和劳动用工，实现油库低成本运作、高效率运行。人无远虑必有近忧。随着国家能源创新行动计划的实施，可再生能源技术、通信技术以及自动控制技术快速发展，依托实时高速的双向信息数据交互技术，以电能为核心纽带，涵盖煤炭、石油多类型能源以及公路和铁路运输等多形态网络系统的新型能源利用体系——能源互联网呼之欲出，预示着我国能源发展将要进入一个全新的历史阶段，通过能源互联网，推动能源生产与消费、结构与体制的链式变革，冲击传统的以生产顺应需求的能源供给模式。在此背景下，如何提升油库信息化、自动化水平，探索与之相融合的现代化油库经营模式就成为油库技术与管理需要研究的新课题。

这套丛书，从油库使用与管理的实际需要出发，收集、归纳、整理了国内外大量数据、资料，既有油库生产应知应会的理论知识，又有油库管理行之有效的经验方法，既涉及油库"四新技术"的推广应用，又收纳了油库相关规范标准的解读以及事故案例的分析研究，涵盖了油库建设与管理、生产与运行、工艺与设备、检修与维护、安全与环保、信息与自动化等方方面面，具有较强的知识性和实用性，是广大油库技术与管理从业人员的良师益友，也可作为相关院校师生和科研人员的学习和参考素材，必将对提高油库技术与管理水平起到重要的指导和推动作用。希望系统内相关技术和管理人员能从中汲取营养并用于工作，提升油库技术与管理水平。

中国石油副总裁　周昌惠

2016 年 5 月

序二

　　油库是储存、输转石油及其产品的仓库，是石油工业开采、炼制、储存、销售必不可少的中间重要环节。油库在整个销售系统中处在节点和枢纽的位置，是协调原油生产、加工、成品油供应及运输的纽带，是国家石油储备和供应的基地，它对于保障国防安全、促进国民经济高速发展具有相当重要的意义。

　　在国际形势复杂多变的当今，在国际油价涨落难以预测的今天，多建油库、增加储备，是世界各国采取的对策；管好油库、提高其效，是世界各国经营之道。

　　国家战略石油储备是政府宏观市场调控及应对战争、严重自然灾害、经济失调、国际市场价格的大幅波动等突发事件的重要战略物质手段。西方国家成功的石油储备制度不仅避免因突发事件引起石油供应中断、价格的剧烈波动、恐慌和石油危机的发生，更对世界石油价格市场，甚至是对国际局势也起到了重要影响。2007年12月，中国国家石油储备中心正式成立，旨在加强中国战略石油储备建设，健全石油储备管理体系。决策层决定用15年时间，分三期完成石油储备基地的建设。由政府投资首期建设4个战略石油储备基地。国际油价从2014年年底的140美元/桶降到2016年年初的不到40美元/桶，对于国家战略石油储备是一个难得的好时机，应该抓住这个时机多建石油储备库。我国成品油储备库的建设，在近几年亦加快进行，动员石油系统各行业，建新库、扩旧库，成绩显著。

　　油库的设计、建造、使用、管理是密不可分的四个环节。油库设计建造的好坏、使用管理水平的高低、经营效益的大小、使用寿命的长短、安全可靠的程度，是相互关联的整体。这就要求我们油库管理使用者，不仅应掌握油库管理使用的本领，而且应懂得油库设计建造的知识。

为了适应这种需求，由中央军委后勤保障部建筑规划设计研究院与部分军内油库建设与管理专家和中国石油天然气集团公司部分专家合作编写了《油库技术与管理系列丛书》。丛书从油库使用与管理者实际工作需要出发，吸取了《油库技术与管理手册》的精华，收集了国内外油库管理及建设的新知识、新技术、新工艺、新标准、新设备、新材料，总结了国内油库管理的新经验、新方法，涵盖了油库技术与业务管理的方方面面。

丛书共 13 分册，各自独立、相互依存、专册专用，便于选择携带，便于查阅使用，是一套灵活实用的好书。本丛书体现了军队油库和民用油库的技术与管理特点，适用于军队和民用油库设计、建造、管理和使用的技术与管理人员阅读。也可作为石油院校教学的重要参考资料。

本丛书主编马秀让毕业于原北京石油学院石油储运专业，从事油库设计、施工、科研、管理 40 余年，曾出版多部有关专著，《油库技术与管理系列丛书》是他和石油工业出版社副总编辑章卫兵组织策划的又一部新作，相信这套丛书的出版，必将对军队和地方的油库建设与管理发挥更大作用。

解放军后勤工程学院原副院长、少将
原中国石油学会储运专业委员会理事

2016 年 5 月

丛书前言

油库技术是涉及多学科、多领域较复杂的专业性很强的技术。油库又是很危险的场所，于是油库管理具有很严格很科学的特定管理模式。

为了满足油料系统各级管理者、油库业务技术干部及油库一线操作使用人员工作需求，适应国内外油库技术与管理的发展，几年前马秀让和范继义开始编写《油库业务工作手册》，由于各种原因此书未完成编写出版。《油库技术与管理系列丛书》收集了国内外油库管理及建设的新知识、新技术、新工艺、新标准、新设备、新材料，采用了《油库业务工作手册》中部分资料。

本丛书由石油工业出版社副总编辑章卫兵策划，邀中央军委后勤保障部建筑规划设计研究院与部分军内油库建设与管理专家和中国石油天然气集团公司部分专家用3年时间完成编写。丛书共分13分册，总计约400多万字。该丛书具有技术知识性、科学先进性、丛书完整性、单册独立性、管建相融性、广泛适用性等显著特性。丛书内容既有油品、油库的基本知识，又有油库建设、管理、使用、操作的技术技能要求；既有科学理论、科研成果，又有新经验总结、新标准介绍及新工艺、新设备、新材料的推广应用；既有油库业务管理方面的知识、技术、职责及称职标准，又有管理人员应知应会的油库建设法规。丛书整体涵盖了油库技术与业务管理的方方面面，而每分册又有各自独立的结构，适用于不同工种。专册专用，便于选择携带，便于查阅使用，是油料系统和油库管理者学习使用的系列丛书，也可供油库设计、施工、监理者及高等院校相关专业师生参考。

丛书编写过程中，得到中国石油销售公司、中国石油规划总院等单位和同行的大力支持，特别感谢中国石油规划总院魏海国处长组织有关专家对稿件进行审查把关。书中参考选用了同类书籍、文献和生产厂家的不少资料，在此一并表示衷心地感谢。

丛书涉及专业、学科面较宽，收集、归纳、整理的工作量大，再加时间仓促、水平有限，缺点错误在所难免，恳请广大读者批评指正。

《油库技术与管理系列丛书》编委会

2016 年 5 月

目　　录

第一章　油库设备技术检查与鉴定

第一节　油库设备技术检查

一、油库设备通常检查方法和检查用具

油库设备的通常检查方法和检查用具，见表 1-1。

表 1-1　油库设备的通常检查方法和检查用具

检查类别	检查内容	检查方法和用具
1. 非破坏性检查	（1）泄漏检查	用水和皂液或用氨气检查，用眼观察有无泄漏
	（2）腐蚀检查	①用肉眼观察； ②管子内壁用管内检查镜观察； ③用深度规和腐蚀垫圈测定腐蚀部分的深度； ④用预先装上的试验零件可以测量减量多少
	（3）焊接部分的缺陷检查	①用肉眼、放大镜观察有无裂缝； ②用浸透探伤液检查有无裂缝； ③用磁力探伤仪和超声波探伤仪测定； ④用放射线检查有无裂纹； ⑤槽类检查可用真空法
	（4）厚度测定	①用量规测量厚度； ②用超声波测厚仪测量； ③按管内检查镜所得内径测定值求得厚度； ④预先安置的试验孔上用塞规测定； ⑤用锤敲推测厚度
	（5）表面温度测定	①用表面温度计测定； ②用测温漆或测温片测定
2. 破坏性检查	（1）材质检查	①采用试样做机械性能和化学成分的测定； ②金相显微镜检查
	（2）焊接部分的缺陷检查	将焊接部分切割一段进行腐蚀后，用微观照相或用显微镜检验
	（3）厚度测定和腐蚀检查	切取耐腐蚀衬里或管子的一部分测定厚度，对实际腐蚀状况进行详细调查

续表

检查类别	检查内容	检查方法和用具
3. 耐压、泄漏试验	用水或压缩空气进行耐压试验，检查法兰盘接头和阀门密封部分有无泄漏	
4. 其他	泵类定期检查使用的用具有：游标卡尺、卡钳、千分尺、千分表、水平仪、转数表、温度表、塞规、万能角尺、内径千分表、流量表、电流表、电压表、振动仪、超声波探伤仪等	

二、油库设备缺陷的诊断方法与技术

常见的油库设备缺陷诊断方法与技术，见表1-2。

表1-2　油库设备缺陷的诊断方法与技术

方　　法		停机或不停机	故障部位	操作人员技术水平	说　　明
1. 目测	(1) 目测法	不停机	限于外表面	主要靠经验	包括很多特定方法
	(2) 综合法	停机	如设计阶段考虑此种要求，可推广到内部零件	不需特殊技术	广泛用于航空发动机等设备的定期检查
2. 热检测（通用技术）		不停机	外表面或内部	多数不需什么技术	利用直读的温度计及红外扫描仪
3. 润滑油检测（通用技术）		不停机	润滑系统通过的任意零部件（通过磁性栓滤清器或油样等）	为区别操作性微粒和正常磨损微粒，需一定技术	铁谱和光谱分析装置可用来测定内含什么元素成分
4. 泄漏检查		停机或不停机	任意承压零件	专用仪器极易掌握	
5. 裂缝检查	(1) 染色法	停机或不停机	在清洁的表面上	要求有一定技术	只能查出表面断开的裂缝
	(2) 磁力线法	停机或不停机	靠近清洁光滑的表面	要求有一定技术，易漏查	限于磁性材料，对裂缝取向敏感
	(3) 电阻法	停机或不停机	在清洁光滑的表面上	要求有一定技术	对裂缝取向敏感，可估计裂缝深度，可查出很多种开工材料的不连续性，如裂缝、杂质、硬度变化等
	(4) 涡流法	停机或不停机	靠近表面，探极和表面的接近程度对结果有影响	需掌握基本技术	

续表

方　　法	停机或不停机	故障部位	操作人员技术水平	说　明
5. 裂缝检查 （5）超声法	停机或不停机		为不致漏查，需掌握基本技术	对方向性敏感，寻找时间长，通常作为其他诊断技术的后备方法
（6）射线检查法	不停机	如有清洁光滑的表面，在任何零部件的任意位置都行，必要时可以从两边同时进行	进行检查和解释结果都需相当技术	可同时检查大片面积，有放射性危险，应注意安全
6. 振动检测（通用技术），总信号检测，通带频率分析、峰值信号检测等	停机或不停机	任意运动零部件，大传感器应放在振动的传播路径上，例如轴承座等	要求有一定技术	方法从简单到复杂都有，定期的常规测量花时间很短，不影响设备运行
7. 腐蚀检测 （1）腐蚀检查仪	不停机	管内和容器内	要求有一定技术	能查出 1μm 的腐蚀量
（2）极化电阻和腐蚀电位法	不停机	管内和容器内	要求有一定技术	只能指出有无腐蚀现象
（3）氢探极法	不停机	管内和容器内	要求有一定技术	氢扩散入薄壁探极管内，引起压力增加
（4）探极指示孔	不停机	管内和容器内	要求有一定技术	能指出什么时候达到了预定的腐蚀量
（5）试样失重法	不停机	管内和容器内	为使孔打至正确深度，需掌握基本技术	在拆卸成套设备时检测
（6）超声法	不停机	管内和容器内	为使孔打至正确深度，需掌握基本技术	可查出 0.5mm 的厚度变化

第二节　油库设备技术鉴定通用要求

油库设备按技术管理等级，综合其地位作用和鉴定的难易程度分为一类、二类和三类。

一类设备：油罐、输油管线、泵机组。

二类设备：通风机组、通风管线。

三类设备：阀门、透气管、鹤管、管件、接地装置。

油库设备按技术状况优劣又分为一级、二级、三级和四级。

（1）一级：技术参数和性能指标符合相关标准及使用指标的设备。

（2）二级：通过正常维护或调整可恢复正常使用，且技术参数和性能指标符合使用要求的设备。

（3）三级：通过大修理或更换主要部件才能恢复正常使用，且技术参数和性能指标符合使用要求的设备。

（4）四级：通过大修理无法恢复正常运行，或虽可大修理恢复正常运行，但其修理费用超过更新费用的50%以上的设备。

一、油库设备鉴定范围及间隔期限

（一）油库设备鉴定范围

凡符合下列条件之一的设备应进行鉴定。

（1）申请进行更新、改造、大修理、报废前。

（2）发生故障或事故后，经修复再次投入运行前。

（3）发生故障或事故，需确定其实际技术状况时。

（4）技术参数和性能指标下降30%以上时。

（5）油罐腾空清洗后进行全面检查时。

（6）设备或附件拆装时。

（7）达到鉴定间隔期限时。

（8）达到设计使用寿命的当年。

（9）超过设计使用寿命后，宜每年结合附件或部件更换等维护保养项目进行相应鉴定。

（二）油库设备鉴定间隔期限

设计使用寿命期内的鉴定间隔期限见表1-3。

表 1-3　油库设备技术鉴定间隔时限　　（单位：年）

设 备 名 称	使用时间≤10	10<使用时间≤20	20<使用时间≤30
油罐	6	4	3
输油管线	3	2	1
泵机组、通风机组、通风管线	6	5	4
阀门、透气管、鹤管、管件	3	2	1

注：油罐的鉴定间隔时限，宜结合油料储备周期或腾空时机适当调整。

二、油库设备鉴定内容

（一）外观标识和技术资料

（1）检查设备的外部形状、表面涂层、周围环境、部件结合处等。

（2）检查设备规格、型号、铭牌标识及相关技术资料。

（二）技术指标及状态参数

（1）检查设备的设计工作参数和基本结构参数等。

（2）检验设备运行参数、性能参数及实际技术状况等。

（三）附属配件

（1）检查设备附属部件及装置的配置情况及其额定工作参数等。

（2）检验附属部件及装置的实际性能、运行参数和安装连接状况等。

三、油库设备鉴定权限及人员资格

（一）鉴定权限

（1）上级业务主管部门负责组织一类设备的技术鉴定，并对二类设备的技术鉴定结果进行复审。

（2）业务主管部门负责组织二类设备的技术鉴定，并对三类设备的技术鉴定结果进行复审。

（3）油库负责组织三类设备的技术鉴定。

（二）鉴定人员资格

（1）鉴定人员由鉴定负责人和检验人组成。

（2）鉴定人员应具备下列条件：

①鉴定负责人具有油料储运专业或与被鉴定设备相关专业的高级技术职称，并通过同类设备鉴定权限部门技术考核，获得油库设备技术鉴定资格。

②检验人具有油料储运专业或与被鉴定设备相关专业的中专以上学历（或同等学力），并在本专业技术岗位上工作3年（含3年）以上；熟悉油库设备配置、

管理、操作、使用、维护、保养和检修等技术及有关规范、规程、标准和制度；能正确使用鉴定器具。

四、油库设备鉴定安全与技术要求

（一）原则

（1）制订鉴定方案及应急情况处置预案。

（2）鉴定前，检测现场油气浓度，并按规定采取断开连接、封堵、清洗、通风等安全措施。检查与鉴定相关的环境条件，排除不安全因素。

（3）能拆离现场的设备，不宜在现场进行鉴定。

（4）在爆炸危险场所内鉴定时，应采取不动火方法。必须动火作业时，应制订用火作业方案，采取可靠的安全措施，并按照油库用火安全相关管理规定履行审批手续。

（5）在易燃易爆环境中进行鉴定时，应具备消防灭火的安全措施。

（二）鉴定过程及操作

（1）按鉴定方案和鉴定规程规定的程序及方法进行鉴定。

（2）进行测量前应先确定测量区域和部位，若需扩大测量区域时，应检查扩大测量区域内设备及环境的安全状况，达到要求后再进行测量，不得随意改变测量区域。

（三）检测器具

（1）鉴定所用的仪器设备和工具应有有效的检定合格证书，并在检定有效期内。

（2）仪器设备和工具的操作使用应符合使用说明书要求。

（四）检测条件

（1）使用非防爆型检测器具时，必须对场所进行油气浓度检测，当油气浓度低于爆炸下限的20%以下时，方可使用。

（2）在爆炸危险场所内进行检测时应使用符合要求的防爆型检测器具。

（3）被鉴定设备的受检测部位没有可能影响检测的物质。

（4）被鉴定设备内部及外部周围无影响检测的其他作业。

（5）对设备本体材料或焊缝进行检测时，受检部位应进行除锈和清除杂物。

（6）库区内应有永久性绝对高程标志桩。

五、油库设备鉴定结果及报告

（1）依据各项检测记录和评定结果，确定设备技术状态等级。

（2）设备经鉴定后按规定填写《油库设备技术鉴定报告表》，归入相应设备档案。

（3）当向上级申报设备更新改造计划时，应附《油库设备技术鉴定报告表》，表的格式见表1-4。

表1-4　油库设备技术鉴定报告表

油库名称			鉴定日期		
设备名称			设备编号		
规格型号			生产厂家		
出厂日期			投用时间		
设计使用寿命			上次大修理或鉴定时间		
安装地点			建议下次鉴定时间		
检验评定结果	鉴定项目	鉴定内容	技术指标（正常值）	检验结果（实验值）	技术状态评定（合格/不合格）	检验人（签名）
鉴定结论	鉴定负责人：（签字）　　　　　　　　　　　　年　月　日
组织鉴定单位审查意见	组织鉴定单位：（盖章）　　　　　　　　　　　年　月　日

注：鉴定的项目和内容及检验结果栏不够填写时，可添加。

第三节　油罐技术鉴定要求

一、鉴定内容和鉴定器具

（一）技术资料

（1）油罐设计、施工、验收、投用、运行和维修的全部技术资料。

（2）油罐在上一检定周期的容积检定报告及证书。

（二）外观检查

（1）油罐及其附件的规格及结构等标识。

（2）油罐基础水平度、罐底边缘板平整度、油罐基础和排污放水装置周围油污状况。

（3）罐身和罐顶外观形状、外部涂层、钢板和焊缝缺陷等。

（4）油罐附件外观状况、安装及连接牢固度和严密性等。

（三）罐体及罐基础检查和测量

（1）罐体及罐基础几何尺寸和基本状况。

（2）罐体倾斜度、罐基础沉降量、变形和不均匀沉降分布状况。

（四）罐顶和罐壁厚度及缺陷测量和校核

（1）钢板厚度和腐蚀深度。

（2）腐蚀面积和局部变形。

（五）罐底板厚度及缺陷测量和校核

（1）钢板厚度和腐蚀深度。

（2）腐蚀面积和凹凸变形。

（六）油罐附属设施和附件检查

按照相关技术标准对油罐附属设施和附件逐一进行检查。

（七）鉴定器具

鉴定器具，见表1-5。

表1-5　鉴定器具

序号	名　称	精度和技术要求
1	钢板测厚仪	测量范围：1.5~200mm；精度：±（0.5%H+0.1）mm
2	涂层测厚仪	测量范围：0~1200mm；精度：±（0.3%H+1.0）mm

续表

序号	名　　称	精度和技术要求
3	接地电阻测量仪	测量范围：0.00~19.99Ω，20~199.9Ω
4	可燃气体浓度检测仪	精度：±0.5%；检测范围：0~10LEL/0~100LEL；响应时间：<3s
5	径向偏差仪	±1mm
6	水准仪	±3mm
7	经纬仪	±0.52″
8	真空表	2.5级
9	弧形样板	弦长≥1.5m，曲率半径与被鉴定罐身或罐顶曲率半径相适应
10	直线样	长度等于1m
11	放大镜	5~10倍
12	深度游标卡尺、焊缝尺	±0.05mm
13	钢卷尺	1级
14	铜质小锤、除锈工具、防爆工具	检查专用
15	直尺、重锤、拉线	测量专用

注：H—被测材料厚度，mm。

二、鉴定程序和方法

（一）技术资料和外观检查

（1）核查油罐设计、施工、验收、使用、运行和维修的全部技术资料。

（2）对油罐整体外观作目视检查，并对下列部位进行重点检查：

①罐顶与罐壁连接部位及其附近区域；

②罐壁与罐底连接焊缝及其附近区域；

③罐壁底层圈板及其纵焊缝；

④油罐各主要部件及附件易受损部位；

⑤附件与罐体连接部位的附近区域及其连接焊缝。

（3）对发现疑点部位，除去锈层或涂层等覆盖层，用放大镜进行检查，将缺陷的位置和类型填入《油罐技术资料和外观及整体检验记录表》（表1-6），并标注在罐壁展开图上。

表 1-6 油罐技术资料和外观及整体检验记录表

油罐编号		工作压力	正压	检验日期	
			负压		
油罐规格		储存介质		技术资料	全/否
底圈罐壁直径（m）		环境状况		检验负责人	
结构形式					
序号	检查部位	涂层状况	缺陷位置	缺陷类型	备注
测量位置	1	2	3	4n-1	4n
罐体倾斜度（%）					
基础沉降量（mm）					

（二）罐体及罐基础测量

1. 罐基础高程测量

（1）地面罐基础高程测量。

（2）隐蔽罐基础高程测量。

（3）罐内底板高程测量。

2. 罐体倾斜程度测量

（三）罐顶和罐壁厚度及缺陷测量

（1）对整个罐顶和罐壁进行表面目视检查，并重点检查下列部位：

①已发现缺陷部位；

②罐壁下部第一、二层圈板；

③人孔和进出油短管等附件开孔加强板及其附近区域；

④沿旋梯附近区域。

（2）板厚及腐蚀检测。

（3）变形测量。用水平尺、直尺、卷尺、样板和卡尺测量变形区域沿圆周方向和竖轴方向尺寸及凹陷深度或凸出高度，将测量结果填入《罐顶板和罐壁厚度及缺陷检测核验表》（表1-7）。

表1-7　罐顶板和罐壁厚度及缺陷检测核验表

油罐编号			检测日期					
罐顶结构形式			检测负责人					
罐顶矢高（mm）								
编号	检测部位	原始厚度（mm）	实测厚度（mm）	缺陷类型	缺陷沿竖轴方向长度（mm）	缺陷沿圆周方向长度（mm）	缺陷深度或高度（mm）	缺陷面积（m²）	校核结果

（四）罐底板厚度和缺陷测量

（1）检查要求。对整个罐底进行表面目视检查，并对下列部位进行重点检查：

①罐底外边缘向内1m的全部区域；

②进出油短管端部下方及其附近半径2m范围内；

③排污装置附近半径2m范围内；

④发现疑点部位，除去锈层或涂层等覆盖层，用放大镜进行检查，并对缺陷部位做明显标记。

（2）板厚及腐蚀检测。

（3）变形测量。用水平尺、直尺、卡尺和卷尺测量变形区域沿罐底直径方向和同心圆圆周方向尺寸及凹陷深度或凸出高度，并将测量结果填入《罐底板厚度及缺陷检测核验表》（表1-8）。

表1-8　罐底板厚度及缺陷检测核验表

油 罐 编 号			检测负责人及日期			
中幅板原始厚度（mm）			边缘板原始厚度（mm）			
同心圆编号	测点或缺陷编号	实测板厚（mm）	缺陷沿直径方向长度（mm）	缺陷沿同心圆圆周方向长度（mm）	缺陷深度或高度（mm）	校核

（五）油罐主要附件检测

（1）油罐呼吸阀、液压安全阀按照行业标准规定进行检测。

（2）油罐进出油阀门和排污放水阀门按照行业标准规定进行检测。

（3）检查量油孔、人孔、操作平台及旋梯、排污放水装置等附件完好状况。

（4）汇总附件检测结果，填入《油罐附件检测记录表》（表1-9）。

表1-9　油罐附件检测记录表

油罐编号				检测日期				
编号	附件名称及规格	前次检测时间	安装及外观状况	连接状况及严密性	整体状况	检测人	说明

三、等级评判条件

按照 GB 50341—2014《立式圆筒形钢制焊接油罐设计规范》和相关行业标准的规定确定油罐分级，包括一级、二级、三级和四级。

（一）一级

所有技术指标均符合表1-10、表1-11、表1-12、表1-13及GB 50341—2014规定的为一级。

表1-10　圈板麻点深度允许最大值　　　（单位：mm）

钢板厚度	3	4	5	6	7	8	9	10	12
麻点深度	1.2	1.5	1.8	2.2	2.5	2.8	3.2	3.5	3.8

表1-11　顶板和圈板凹凸变形允许最大值　　（单位：mm）

测量距离	1500	3000	5000
偏差值	20	35	40

表1-12　圈板褶皱高度允许最大值　　　（单位：mm）

圈板厚度	4	5	6	7	8
褶皱高度	30	40	50	60	80

表1-13　罐底余厚允许最小值　　　（单位：mm）

底板原厚度	4	>4	边缘板厚度 t
允许余厚	2.5	3	$0.7t$

（二）二级

符合下列条件之一者为二级。

（1）外观标识或技术资料不完整。

（2）一项技术指标不符合表 1-10、表 1-11、表 1-12、表 1-13 及 GB 50341—2014 规定。

（3）附件之一状态不符合其技术标准规定。

（4）底圈罐壁任意水平面上直径偏差大于 26mm。

（5）罐壁局部凹凸度大于 13mm，拱顶局部凹凸度大于 15mm。

（6）三分之一面积以下罐体钢板存在腐蚀，其深度不超过表 1-10 规定值的点腐蚀深度。

（7）罐体倾斜度超过 4‰或铅垂偏差值超过 50mm，罐底板局部凹凸变形大于变形长度的 2%或 50mm。

（三）三级

符合下列条件之一者为三级。

（1）罐体三分之一面积以上的钢板存在腐蚀，且腐蚀深度不超过表 1-10 规定值的点腐蚀深度。

（2）罐体倾斜度超过 1%。

（3）罐体沿周边每 9m 的沉降量差值大于 50mm。

（4）罐体圈板纵横焊缝及底圈角焊缝存在连续针眼或裂纹，或钢板表面存在深度大于 1mm 的伤痕。

（5）顶板或圈板凹陷、鼓包偏差或折皱高度超过表 1-11、表 1-12 规定值，或罐底板出现面积为 $2m^2$ 以上、高度超过 150mm 的凸出或隆起。

（6）三分之一面积以下的罐底板存在腐蚀深度超过表 1-13 规定值，或罐底边缘板存在腐蚀深度超过原板厚 30%以上的坑蚀。

（7）存在一处以上的检测结果超过表 1-10、表 1-11、表 1-12、表 1-13 允许值。

（8）罐内受力支撑杆件断裂、弯曲或脱焊，或所有附件连接处垫圈老化，或两处以上紧固螺栓无效，或人孔、进出油接合管、排污管等附件及其连接焊缝存在裂纹或其他伤痕。

（9）油罐表面保温层或漆层起皮脱落达四分之一以上。

（四）四级

符合下列条件之一者为四级。

（1）罐体三分之一面积以上的钢板存在严重点蚀，点蚀深度超过表 1-10 规定值。

（2）罐体严重变形受损，三分之一面积区域凹凸偏差或折皱高度超过表 1-11、表 1-12 规定值，恢复其形状和性能所需费用为更新费用的 50% 以上或无法修复。

（3）全部检测结果均超过表 1-10、表 1-11、表 1-12、表 1-13 规定值。

四、鉴定结果及报告

（1）依据各项检测结果记录和等级评判条件确定油罐等级。

（2）汇总核验后的各项评定结果和鉴定结论填入《油库设备技术鉴定报告表》（表 1-4）。

第四节　输油管线技术鉴定要求

一、鉴定内容和鉴定器具

（一）外部检查

（1）检查管线技术档案资料。

（2）管线的砂眼、局部变形、损伤、裂纹、腐蚀程度及防护层、保温层等缺陷位置及类型。

（3）法兰连接状况及法兰锈蚀程度。

（二）性能试验

（1）防腐层、保温层检测或开挖检查，检测防腐层、保温层和管子技术状态及受损部位。

（2）水压试漏检查。

（3）分段静压试验，检查全线强度及严密性。

（三）管壁厚度和缺陷检测

对罐壁厚度和缺陷进行检测。

（四）鉴定器具

采用表 1-14 所列出的检测仪器设备和工具对输油管线进行鉴定。

表 1-14　检测仪器设备及工具

序号	器具名称	精度和技术要求
1	超声波测厚仪	测量范围：1.5~200mm；精度：（±0.5%H+0.1）mm
2	涂层测厚仪	测量范围：0~1200mm；精度：（±0.3%H+1.0）mm

序号	器具名称	精度和技术要求
3	防腐层检漏仪	漏点位置误差：≤1m
4	埋地输油管线检漏装置	地下管道检漏专用
5	可燃气体浓度检测仪	精度：±0.5%；检测范围：0~10LEL/0~100LEL；响应时间：<3s
6	接地电阻测量仪	测量范围：0.00~19.99Ω，20~199.9Ω
7	深度游标卡尺	±0.05mm
8	压力表	不低于1.5级，量程：1.5~2.0倍的最大工作压力
9	试压泵	流量：30m^3/h；压力：按需确定
10	放大镜	5~10倍
11	铜质小锤、除锈工具、防爆工具	检测专用

注：H—被测材料厚度，mm。

二、鉴定程序和方法

（一）裸管

1. 外部检查

（1）检查外观标识、里程及位置标记。

（2）沿管线全线进行外观目视检查，并对下列部位进行重点检查：

①有锈蚀和薄弱部位；

②转弯处、弯头及其连接焊缝；

③变径管段、分支处的三通及其连接焊缝；

④阀门下游管段及其连接法兰的焊缝；

⑤补偿器变形或位移处；

⑥支座部位；

⑦静电跨接。

（3）在规定的检查部位，除去锈层或涂层等覆盖层，用5~10倍放大镜检查。

（4）将缺陷的位置和类型填入《管线外部检查和试验记录表》，格式见表1-15，并标注在管线简图上。

表 1-15　管线外部检查和试验记录表

管线起点		技术资料	（全/否）
管线终点			
管线名称及 输送介质		工作压力	
		工作流量	
敷设形式及规格		检查日期及负责人	
段序	检查部位	防腐或	缺陷	缺陷类型	静压试验结果
	里程坐标	保温层状况	位置		（合格/不合格）

2. 耐压检查

按照 SY/T 0480—2010 规定进行水压试漏检查，沿管线发现漏点，做好标记和记录，并在管线简图上标注其位置。对未发现漏点的管段作分段静压试验，试验压力取 1.25 倍最大工作压力（以压力信号提取处管线的最高工作压力计算）。

3. 管壁厚度及缺陷测量

（1）在下列部位进行测量：

①外观检查和静压试验中发现有缺陷或渗漏的部位；

②弯管、变径管、三通部位至少一处；

③阀门下游管段靠近阀门部位至少一处；

④每 200m 直管段不少于一处；

⑤低洼管段至少一处；

⑥支座部位至少一处；

⑦补偿器可动部位至少一处。

（2）在规定的测量部位，取相对有明显缺陷的位置，去除防腐层、锈层，显露管材本色，在宽度不小于 10cm 的圆环区域内，测量两点底部壁厚、一点侧面壁厚和一点顶部壁厚。若有某处壁厚明显减薄，应增加测点，扩大测量范围继续测厚，直到测出减薄区域。

（3）测量缺陷沿管线轴向、圆周方向尺寸和深度。

（4）将测量结果填入《管壁测量和验算记录表》，格式见表 1-16，并将测点标注在管线简图上。

表1-16　管壁测量和验算记录表

管线名称及起、终点					工作压力和流量		
管材规格及等级					输送介质		
敷设形式及环境					检查日期及负责人		
段序	测点编号	测点位置	原始壁厚（mm）	实测最大蚀深（mm）	缺陷沿管轴向长度（mm）	缺陷沿管圆周方向长度（mm）	c/t值	核验结论

（二）埋地管

1. 外部检查

（1）检查外观标识、里程及位置标志。

（2）目视检查覆土层完整性，并对局部塌陷或裸露位置做明显标记和记录。

（3）将检查数据及结果填入《管线外部检查和试验记录表》，格式见表1-16，并在管线简图上标注缺陷位置和类型。

2. 耐压检查

试漏和静压试验时，在检查井中的裸管段安装压力表，按照SY/T 0480—2010的规定进行检查。

3. 防腐层检漏及开挖检查

（1）用防腐层检漏仪，以检查井中裸管段为检测接线点，全线逐段进行防腐层检漏，将检查出的管线漏点及防腐层破损点标注在管线简图上。

（2）在下列部位开挖管线进行重点检查：

①漏点或防腐层破损处；

②弯折和分支部位至少一处；

③低洼段或被地下水淹没的管段至少二处；

④覆土土壤电阻率最小处或覆土性质变化的管段各一处；

⑤埋地管的出土前至少一处；

⑥检查井过墙管段至少一处；

⑦任意直管段至少一处。

（3）在管线开挖部位进行下列检查：

①防腐层完好状况及其绝缘性能；

②防腐层破损或绝缘性能达不到规定值的部位，去除防腐层，同上述规定进行外部检查和记录。

4. 管壁厚度及缺陷测量和校核

在开挖部位，同上述规定进行检查。

（三）保温管

1. 外部检查

（1）检查外观标识。

（2）对下列部位拆开保温层检查其保温层性能和管壁状况：

①漏点或保温层破损处；

②低洼管段至少二处；

③变径管处、弯管及三通部位至少一处；

④阀门下游管段靠近阀门部位至少一处；

⑤每 200m 直管段至少一处；

⑥补偿器可动部位至少二处；

⑦各类支座部位至少三处；

⑧伴热管在上述②至⑦部位的蒸汽管侧至少增加一处。

2. 耐压检查

按本部分上述规定进行性能试验，对未发现漏点的管段作分段静压试验和试漏试验。

3. 管壁厚度及缺陷测量和验算

在保温层拆开部位，同上述规定进行检查。

4. 检查结果

将检测数据及结果填入《管线外部检查和试验记录表》，格式见上表 1-16，并将破损点或缺陷点标注在管线简图上。

三、等级评判条件

按照前述规定对输油管线分级，包括一级、二级、三级和四级。

（一）一级

所有技术指标符合 GB 50235—2010、SY/T 5918—2011 和表 1-17 要求的管段为一级。

表 1-17　最大允许蚀深及蚀长

最大腐蚀深度/原始管壁厚度（c/t）（mm）	沿管线轴向允许腐蚀长度（mm）	沿管线圆周方向允许腐蚀长度（mm）
<0.2	无限制	无限制
$0.2 \leqslant c/t < 0.4$	$1.064\sqrt{Dt}$	无限制

续表

最大腐蚀深度/原始管壁厚度（c/t）（mm）	沿管线轴向允许腐蚀长度（mm）	沿管线圆周方向允许腐蚀长度（mm）
$0.4 \leqslant c/t < 0.6$	$0.694 \sqrt{Dt}$	$0.523D$
$0.6 \leqslant c/t < 0.8$	$0.502 \sqrt{Dt}$	$0.261D$
$\geqslant 0.8$	0.0	0.0

注：c—腐蚀区域的最大腐蚀深度；t—原始管壁厚度；D—管外径。

（二）二级

符合下列条件之一的管段为二级。

（1）外观标识或技术资料不完整。

（2）一项技术指标不符合 GB 50235—2010 中第 3、6、7、9、11 章技术标准要求。

（3）支座及管线本身出现异常振动或不明显变形。

（4）防护层局部性能不符合 SY/T 5918—2011 中第 6.2 条的要求或相关技术标准要求。

（5）局部存在均匀的麻点腐蚀或片蚀，其腐蚀深度和腐蚀长度不大于表 1-17 的规定范围内。

（6）管线连接部位或管件密封处存在渗漏。

（三）三级

符合下列条件之一的管段为三级。

（1）存在腐蚀深度大于原壁厚 80% 的独立蚀坑，但蚀坑最小间距不小于 3m。

（2）存在均匀麻点腐蚀或片蚀，腐蚀深度大于原壁厚 20% 且小于 80%，蚀长超过表 1-17 的规定值。

（3）管线扭曲变形、裂缝、局部腐蚀穿孔。

（4）防腐层、保温层破损 25% 以上，防护性能不符合 SY/T 5918—2011 中第 6.2 条要求，或每 10m 平均有一处受损。

（5）焊接管件破裂、补偿器变形等附件破损。

（四）四级

符合下列条件之一的管段为四级。

（1）存在成片连续或沿管线均匀分布的腐蚀，腐蚀余厚小于 2.0mm，间距平均小于 5m。

（2）存在沿管线均匀分布腐蚀深度大于原壁厚 80% 的独立蚀坑，且蚀坑间距平均小于 5m。

（3）腐蚀深度及长度超过表 1-17 规定值，或片蚀间距小于 5m。

四、鉴定结果及报告

（1）依据 GB 50235—2010、SY/T 5918—2011 和上述规定确定输油管线等级。

（2）汇总核验后的各项评定结果和鉴定结论填入《油库设备技术鉴定报告表》。

第五节　泵机组技术鉴定要求

一、鉴定内容和鉴定器具

（一）外部检查

（1）检查泵机组规格、性能参数等技术资料。

（2）泵机组整体安装状况及同心度，运行时的振动及各部件连接状况，渗漏、润滑、冷却状况。

（3）检测泵机组设备接地电阻值。

（二）性能检测

（1）检测泵流量、压力、机组转速，查看电机电流和电压值，并计算泵效率。

（2）测试泵机组轴承温度。

（三）解体检查

（1）检测泵体内部叶轮、螺杆、滑片等转动部件和其他零部件磨损、腐蚀及汽蚀程度。

（2）检测泵轴弯曲、同心度、联轴器间隙、轴承及其他零配件间隙。

（3）检查泵壳各密封端面密封状况、轴承及其他零配件密封是否完好。

（4）检查润滑系统、冷却系统、安全阀等辅助系统。

（四）鉴定器具

采用表 1-18 所列出的检测仪器、设备和工具对泵机组进行鉴定。

表 1-18　检测仪器、设备及工具

序号	器具名称	精度和技术要求
1	数字式测温仪	显示误差：±1℃；量程：-15～150℃；响应时间：<5s
2	振动测量仪	频率范围：10～200Hz

序号	器 具 名 称	精度和技术要求
3	数字转速表	测量范围：30~12000r/min；误差：±（0.01%+1个字）；分辨率：1r
4	可燃气体浓度检测仪	精度：±0.5%；检测范围：0~10LEL/0~100LEL；响应时间：<3s
5	接地电阻测量仪	测量范围：0.00~19.99Ω，20~199.9Ω
6	压力表	精度：0.1级；量程：0.5~1.5倍出口工作压力
7	真空压力表	精度：0.05级；量程：0.5~1.5倍出口工作压力
8	深度游标卡尺	±0.05mm
9	扭矩扳手	0.0035~2700N·m
10	放大镜	5~10倍
11	秒表、塞尺、百分表、除锈工具、防爆工具	检测专用

二、鉴定程序和方法

（一）外部检查

（1）对泵体外部及其安装的平直程度和运行情况作视听检查。

（2）查验泵机组铭牌、标识、额定工作参数等技术资料。

（3）目测或借助放大镜检查泵体外部裂纹、涂层剥落等情况。

（4）检查基础和机座的坚固程度及地脚螺栓和各部位连接螺栓的紧固程度，并检查设备接地装置。

（5）目测或借助水平尺、直尺、垂线、百分表检查泵基础及机座的沉陷、裂缝、倾斜、平直程度。

（6）用手提式振动仪和数字温度计在轴承座或机壳外表面测量泵运行时的振动和温度，以及泵运行4h后的轴承温度，并检测冷却系统温度。

（7）从泵运行时发出的噪声或停运时凭手动判断各部件的连接及配合间隙和润滑状况。

（8）用秒表测取运行时各密封部位每分钟渗漏液滴数，检查各部件密封的状况。

（9）用接地电阻测量仪测量泵机组设备接地电阻值。

（10）用水平仪、直尺、水平尺、百分表测量泵机组同心度。

（二）解体检查

（1）泵效率下降达到正常值的30%以上或泵体有裂纹时，按下列程序和要求进行检查：

①放净泵内介质和轴承内润滑油；

②测量并记录泵和电动机转子中心偏差、泵壳拉紧螺栓扭矩、主要部位螺栓拆卸前长度等原始状态参数；

③对各零部件的相对位置和方向做标记；

④按一定的对称顺序松开连接螺栓；

⑤拆下泵吸入管、排出管、压力表和真空表（真空压力表）；

⑥根据泵结构类型，按有关技术文件要求拆卸泵。

（2）用测深游标卡尺、直尺、测厚仪、百分表等检测器具测量泵体内部、叶轮、滑片、螺杆等转动部件及其零部件的磨蚀和损坏程度。

（3）用水平尺、直尺、百分表、塞尺等检查和测量泵轴弯曲度、同心度、轴承间隙、泵轴密封装置磨损程度和各零部件之间的配合间隙、连接状态。

（4）用显示剂检查泵体各密封面和连接部位密封面的接触压痕。

（5）检查润滑系统、冷却系统等辅助系统的完好状况。

（6）检查安全阀压力值是否正常。

泵机组外部检查、解体检查及测量记录，见表1-19。

表1-19　泵机组外部检查、解体检查及测量记录表

泵机组类型及编号				检查日期	
正常工作扬程和流量				技术资料	全/否
安装位置及作用				检查人	
序号	检查部件	检查内容	缺陷类型	缺陷程度	检测结果

（三）性能检测

（1）将一次输油作业分为三段过程，分别计算各段作业的平均流量，并记录各段作业的扬程。

（2）计算泵机组的实际效率。

泵机组性能测量记录，见表1-20。

表1-20　泵机组性能测量记录表

泵机组类型及编号				检查日期	
安装位置及作用				检查人	
序号	性能指标	实际测算值	正常值范围	异常程度	核验结果

（四）检查结果

对各项检查和测量结果进行核验，并填入相应的检测记录表。

三、等级评判条件

按照前述标准的规定对泵机组分级，包括一级、二级、三级和四级。

（一）一级

各项技术指标均符合 SY/T 0403—2014、表 1-21 和表 1-22 的规定者为一级。

表1-21　轴承最高温度允许值　　　　　　（单位：℃）

离心泵	容积泵	叶轮式水环真空泵
65~70	65~70	<80

注：表中温度为运行4h后的允许值。

表1-22　密封最大渗漏量允许值　　　　　（单位：滴/min）

类　　型		离心泵	容积泵	叶轮式水环真空泵
机械密封		3	3	5~10
填料密封	轻质油	10	5	
	润滑油	5		

注：表中规定值为运行时的允许值。

（二）二级

符合下列情况之一者为二级。

（1）泵机组标识、规格及运行操作记录等技术资料不完整。

（2）外部检查存在一项或一项以上内容不正常。

（3）性能检查一项指标偏离正常值范围。

（4）零部件因磨损需维修。

（5）实测泵机组的流量、扬程、效率下降值达正常值的30%以内。

（三）三级

符合下列情况之一者为三级。

（1）实测泵机组的流量、扬程、效率下降值达正常值的30%～50%。

（2）轴磨损或腐蚀严重。

（3）叶轮或滑片损伤、偏重、间隙过大。

（4）轴承损坏或磨损严重，或者轴承温度超过正常值。

（5）轴密封等零部件损坏或间隙过大，或者经解体检查需更换零部件。

（6）泵振动或噪声过大。

（四）四级

属下列情况之一者为四级。

（1）泵体、泵盖损坏或腐蚀严重，无法修复，或腐蚀余厚小于最小壁厚。

（2）叶轮、滑片、螺杆等转动主要部件腐蚀或损坏严重，无法修复。

（3）实测泵机组的流量、扬程、效率下降值达正常值的50%以上。

（4）修理费用超过更新费用的50%。

四、鉴定结果及报告

（1）依据SY/T 0403—2014和本章的规定确定泵机组的等级。

（2）汇总核验后的各项评定结果和鉴定结论填入《油库设备技术鉴定报告表》。

第六节　通风机组技术鉴定要求

一、鉴定内容和鉴定器具

（一）外部检查

（1）检查通风机组规格、性能指标等相关技术资料。

（2）检查通风机组整体安装情况。

（3）检测通风机组运行时的振动和噪声。

（4）检查电机和通风机连接、同心度及各紧固连接件。

（5）测量机体温度。

（6）检测设备接地电阻。

（7）检查机体外表面及涂层完好状况。

（二）性能检测

（1）测试通风机全风压。

（2）测算通风机流量。

（3）计算通风机轴功率。

（4）计算通风机效率。

（三）解体检查

（1）检查叶片等转动零部件磨损和变形情况。

（2）检测叶轮进口圈与机壳端面间的间隙、密封环等转动部位的间隙、主轴或传动轴、轴承及零配件间隙和零配件润滑状况。

（3）检测机壳内腐蚀程度。

（4）机座、进出口风管、冷却水系统及润滑系统、设备接地装置等附件及附属设备完好状况。

（四）鉴定器具

采用表 1-23 所列出的检测仪器设备和工具对通风机组进行鉴定。

表 1-23　检测仪器设备及工具

序号	器具名称	精度和技术要求
1	数字式测温仪	显示误差：±1℃；量程：-15~150℃；响应时间：<5s
2	振动测量仪	频率范围：10~200Hz
3	风速仪	量程：0~10m/s；系统误差：<0.1m/s
4	可燃气体浓度检测仪	精度：±0.5%；检测范围：0~10LEL/0~100LEL；响应时间：<3s
5	接地电阻测量仪	测量范围：0.00~19.99Ω，20~199.9Ω
6	压力计	1.5 倍额定进出口压差
7	深度游标卡尺	±0.05mm
8	扭矩扳手	0.0035~2700N·m
9	放大镜	5~10 倍
10	塞尺、百分表、除锈工具、防爆工具	检测专用

二、鉴定程序和方法

（一）外部检查

（1）对通风机外部、整体安装水平度、机组同心度和运行情况及各部件做视听和手动检查。

（2）目测或借助放大镜检查通风机外部件的裂纹、涂层剥落等情况。

（3）用手提式振动仪在轴承座或机壳外表面测量机体运行时的振动。

（4）从通风机运行时发出的噪声或手动检查判断各部件的连接及配合间隙状况。

（5）目测和手动感觉各转动部件的润滑状况。

（6）用扳手检查机座、进出口通风管等各连接部件的紧固程度。

（7）用水平尺、直尺、垂线等量具测量机组整体安装平直度。

（8）用数字式测温仪测取通风机运行时轴承温度和机体温度。

（9）用接地电阻测量仪测量设备接地电阻值。

（二）性能检测

（1）在通风机进出口两端，距口部 100mm 处装压力计，测量通风机运行时进出口压差，计算全风压。

（2）用风速仪测量风机或通风管某一出口截面上风速，计算机组实际流量。

（3）计算通风机组实际效率。

（三）解体检查

（1）通风机效率下降达额定值的 30% 以上或振动和噪声等特征明显异常时，拆卸后进行检查。

（2）用测深游标卡尺、直尺、测厚仪等检测器具测量壳体、叶轮和齿轮联轴器等各零部件的变形和磨损程度。

（3）用叶片样板尺检查叶片变形程度。

（4）用水平仪、直尺、百分表测量通风机轴与电动机轴的同心度。

（5）用塞尺检查和测量主轴与机壳上轴孔间的间隙、叶轮进口圈与机壳端面间的间隙、叶片与风筒间的间隙，以及内部各零部件间配合间隙和润滑状况。

（四）检查结果

对各项检查和测量结果进行核验，并填入相应的检测记录表。

三、等级评判条件

按照前述标准的规定对通风机组分级，包括一级、二级、三级和四级。

（一）一级

各项技术指标均符合表 1-24~表 1-27 中的技术要求者为一级。

（二）二级

符合下列情况之一者为二级。

（1）技术资料不完整。

（2）外部检查存在一项或一项以上内容不正常。

（3）性能检查一项或一项以上指标偏离额定值范围。

（4）一项或一项以上技术参数超出表1-24～表1-27中技术标准要求。

（5）实测通风机的流量、全风压、效率下降达额定值的30%以内。

（三）三级

符合下列情况之一者为三级。

（1）机体或机壳发生变形或部分损坏。

（2）叶轮或叶片损坏严重。

（3）通风机全压时的风速低于额定值的50%。

（4）经解体检查需更换部件。

（5）轴严重磨损，有裂纹，弯曲、扭转变形不能保证与其他部件配合。

（6）实测通风机的流量、全风压、效率下降达额定值的30%～50%。

（四）四级

属下列情况之一者为四级。

（1）机体、机壳变形或损坏严重。

（2）叶轮或叶片等主要部件严重损坏。

（3）实测通风机的流量、全风压、效率下降达额定值的50%以上。

（4）修复费用超过更新费用的50%以上。

表1-24　不水平度和不同轴度允许值

通风机类型	轴流式通风机		离心式通风机
	立式机组	水平或垂直剖分机组	纵向0.2/1000 横向0.3/1000
最大不水平度	0.2/1000	纵向0.2/1000	
		横向0.3/1000	
最大不同轴度	纵向0.05mm；倾斜0.2/1000		

表1-25　配合间隙允许值　　（单位：mm）

配合类型及位置		最大间隙
轴流式风机的叶片与风筒（对应两侧半径间隙之差）		0.5～1
通风机	叶轮进口与机壳端面间的径向间隙	12
	机壳密封盖与轴	1～2
	弹性圆柱销联轴器两端面	2～6

表1-26　叶轮、齿轮联轴器齿厚的最大腐蚀或磨损量

部　件		最大允许磨损
离心式通风机	叶轮轮盘	1/3 原厚度
	叶片	1/2 原厚度
轴流式通风机的齿轮联轴器齿厚		1/5 原齿厚

表1-27　轴承及润滑油温度允许值　　　　（单位：℃）

序号	轴承和润滑油	允许温度
1	滑动轴承	<65
2	滚动轴承	<70
3	轴承进油	25~40
4	轴承回油	<45

四、鉴定结果及报告

（1）依据本部分确定通风机组的等级。

（2）汇总各项评定结果和鉴定结论填入《油库设备技术鉴定报告表》。

（3）通风机组外部检验和解体检查及测量记录见表1-28，通风机组性能检验记录见表1-29。

表1-28　通风机组外部检验和解体检查及测量记录表

通风机组类型和编号			检查日期	
正常工作参数			技术资料	全/否
安装位置及作用			检查人	
序号	检查部件	检查内容	异常类型	异常程度	检测结果

表 1-29　通风机组性能检验记录表

通风机组类型及编号				检查日期	
安装位置及作用				检查人	
序号	性能指标	实际测算值	额定值范围	异常程度	核验结果

第七节　阀门技术鉴定要求

一、鉴定内容和鉴定器具

（一）外部检查

（1）阀门规格标识、工作参数和结构形式等。

（2）阀杆动密封及法兰垫片静密封处渗漏情况。

（3）启闭状态、开启和关闭过程、驱动机构。

（4）法兰端面划痕及腐蚀状况。

（5）阀盖与阀体受损及渗漏情况，阀杆等部位的润滑情况。

（二）性能检测

（1）阀门内密封。

（2）阀门严密性、强度和保压值试验。

（3）驱动机构的操纵性能。

（三）解体检查

（1）阀杆及其螺纹变形、腐蚀或裂纹等。

（2）阀体和阀盖内表面裂纹和锈蚀。

（3）阀板和阀座密封面腐蚀。

（4）各零部件磨蚀、断裂等缺陷及积垢。

（5）阀门各部件连接部位的配合、严密性、灵活性、牢固程度和缺陷。

（四）鉴定器具

采用表 1-30 所列出的检测仪器设备和工具对阀门进行鉴定。

表 1-30　检测仪器设备及工具

序号	器具名称	精度和技术要求
1	测厚仪	量程：2~50mm；显示误差：±1%H
2	水压机	工作压力不得低于 2 倍的阀门工作压力
3	可燃气体浓度检测仪	精度：±0.5%；检测范围 0~10LEL，/0~100LEL；响应时间：<3s
4	接地电阻测量仪	测量范围 0.00~19.99Ω，20~199.9Ω
5	压力表	精度：0.1 级；量程：1.5 倍工作压力
6	深度游标卡尺	±0.5mm
7	扭矩扳手	0.0035~2700N·m
8	放大镜	5~10 倍
9	塞尺、百分表、除锈工具、防爆工具	检测专用

注：H—被测材料厚度，mm。

二、鉴定程序和方法

（一）外部检查

（1）检验阀门规格和结构及性能指标等技术资料。

（2）检查阀门外表面裂纹、锈蚀等。

（3）目测或用计时器检测阀门在使用过程中各外部密封或连接部位的渗漏情况，用扭力扳手检查各连接螺母紧固程度。

（4）手动检查阀门开启和关闭过程，并检查阀杆等部位的润滑情况、操纵的灵活性和可靠性。

（5）检查密封、填料压盖的松紧。

（6）利用输送介质的通断过程检查阀门启闭状况。

（二）性能检测

（1）以动力源驱动阀门开闭，检查驱动机构的操纵性能。

（2）对外部检查后发现有局部缺陷但未发现明显泄漏的阀门，进行离线检测：用带试压小管的堵板分别封堵两侧或一侧法兰，按照 SY/T 6470—2011 的规定，进行密封性、强度和保压试验，并记录各部位压力试验的保压时间和最大泄漏量。

（三）解体检查

发现异常且不解体难以确定异常原因的阀门，拆卸后进行检查。

（1）手动检查阀座与阀体结合的牢固程度、阀板与导轨配合度、阀杆与阀板连接的可靠性及灵活性、阀杆与启闭件连接的牢固程度。

（2）目测各密封面、垫片、填料、螺栓等受力部位磨损情况，并用显示剂检查各密封面的接触印痕。

（3）用直角尺、卡尺测量阀杆的直线度、螺纹受损程度，并用塞尺测量填料压盖与填料函孔及阀杆的配合间隙。

（4）用测厚仪、卡尺测量各部件的腐蚀深度。

（5）对各项检查和测量结果进行核验，并填入相应的检测记录表。

三、等级评判条件

按照前述标准的规定对阀门分级，包括一级、二级、三级和四级。

（一）一级

各项技术指标均符合 SY/T 6470—2011 和 SH 3518—2013 相关技术要求者为一级。

（二）二级

符合下列情况之一者为二级。

（1）外部标识、规格及结构等技术资料不完整。

（2）外部检验一项（含一项）以上不合格。

（3）外部存在浅薄锈蚀或外部零件松动。

（4）存在只需一般性维修保养的外部损伤或磨蚀。

（三）三级

符合下列条件之一者为三级。

（1）内部阀板与阀座之间或外部连接密封部位泄漏量超标，但各部件经研磨或调整仍可达到密封要求。

（2）经解体检查需更换部件或研磨等调整修理。

（3）阀杆严重磨损，有裂纹、弯曲扭转变形，不能保证与其他部件配合。

（4）主要部件局部腐蚀严重，需焊补修理。

（四）四级

符合下列条件之一者为四级。

（1）阀体或阀壳损坏，无法修复。

（2）内部阀板与阀座之间或外部连接密封部位泄漏量和保压时间超标，且关闭件磨损严重，无法修复。

（3）锈蚀严重，阀体成片腐蚀。

（4）修复费用超过更新费用的 50% 以上。

四、鉴定结果及报告

（1）依据 SY/T 6470—2011、SH 3518—2013 和等级评判条件确定阀门等级。

（2）汇总各项评定结果和鉴定结论填入《油库设备技术鉴定报告表》。

（3）阀门外部检查和解体检查及测量记录见表 1-31，阀门性能测量记录见表 1-32。

表 1-31　阀门外部检查和解体检查及测量记录表

阀门类型及编号				检查日期	
工作压力和流量				技术资料	全/否
安装位置及作用				检查人	
序号	检查部位	检查内容	异常类型	异常程度	检测结果

表 1-32　阀门性能测量记录表

阀门类型及编号				检查日期	
安装位置及作用				检查人	
序号	性能指标	实测值	正常范围	异常程度	校验结果

第二章　油库设备维护检修

第一节　维护检修的基本要求

油库设备设施维护检修的目的是在有限的工期内，在确保维护检修质量与安全条件下，控制费用支出，保证油库设备完好率与安全平稳运行。

油库设备设施维护检修是指在役油库设备设施的维护检修作业及其管理。

一、设备设施维修养护

（1）油库设备设施维修养护作业是指无须停业（用）的，且不改变原来状态的易损件的修理及其属于日常维护保养，并由其油库维修养护人员进行的油库设备、设施的修理及日常养护的作业。

（2）从事油库设备、设施维修养护的作业人员必须具有国家或行业规定的上岗作业资格证书，实行持证维修养护作业。

二、设备设施检修作业

（1）油库设备检修作业是指需停业（用）的，由系统内部或外委持有相应施工资质的专业施工队伍承包的油库设备设施检修施工作业。

（2）设备检修是指设备由于经过较长时间的使用或因事故造成某些关键部位损坏，必须安排的周期性检查和恢复性修理。设备检修一般以有关的技术标准为必要条件，以经济性（检修费用应小于同类设备价值与旧设备劣化损失和残值之差，否则，应考虑更新）为充分条件。

（3）承接油库设备设施检修作业的技术、施工作业人员必须具有国家规定的相应的上岗作业资格证书，实行持证检修作业。

三、设备报废

设备报废主要是根据其作业技术要求、安全和经济效益确定。其主要原则：

（1）经预测，大修后技术性能仍不能满足工艺要求和保证产品质量的。

（2）设备老化、技术性能落后、能耗高、效率低，经济效益差的。

（3）通过大修无法恢复正常运行，或虽可大修恢复正常运行，但其修理费用超过更新费用 50% 以上的。

（4）严重污染环境，危害人身安全和健康，进行改造费用较高的。

（5）国家或军队明令禁止使用和淘汰的。

四、设备设施检修管理

油库设备设施检修管理是指已经确定并下达检修项目计划的检修项目管理与检修计划的实施、监督、验收、考核等。

油库设备设施检修应贯彻"预防为主"和"科学管理，正确使用，及时维护，计划修理，更新改造"的原则。根据不同设备的特点，采取不同的检修方法（如经济维修制、预防维修制），并按照作业情况，尽可能采用现代化故障诊断和状态监测技术为基础的维修方式。

（1）油库设备设施检修计划或报废计划，应由油库提出申请，主管业务部门按照《油库设备技术鉴定规程》进行技术审查鉴定，根据资金管理权限，按分级管理的原则，报请上级业务主管部门审批后执行。

（2）检修工作应按照检修资金集中使用、实施过程受控、一次检修到位的原则组织和实施。

（3）检修实施计划是检修项目的作业计划，为检修项目工程总进度所作的安排。主要包括检修项目小组成立时间和组成、施工力量落实情况、主要设备材料到货时间和关键施工节点安排等内容。

（4）未经上级批准的检修项目，油库不得组织实施。按要求应停业的检修项目，停业前不得组织实施。

（5）上级有关部门对本年度检修计划执行情况进行跟踪检查。检修资金必须做到专款专用，不得挪作他用。

（6）检修作业前应制定 HSE 作业计划书，其应包括项目概况、检修作业方案、危害因素辨识与主要风险提示、风险控制措施、应急预案等。HSE 作业计划书应得到审批。

（7）危险性检修作业管理中实行作业许可管理，并执行危险性作业管理的相关规定。

（8）油库需要停业施工作业的事故设备，应根据事故发生情况，由上级部门组织抢检修，但在 24h 内必须将事故发生及处理情况上报上级的相关部门备案。

（9）油库设备设施检修前的准备工作，一般要达到计划项目、设计图纸、器材、劳动力量、施工机具、安全措施六落实。

（10）要建立设备使用部门和设备维修部门的验收和交接制度，设备检修要坚持"不符合质量标准不交工、没有检修记录不交工、安全卫生防护措施没有达标不交工"的原则。设备承修单位对使用部门承担修理质量责任。

（11）根据油库的实际情况，应充分利用油罐清洗的时机，进行储输油设备的检修，并结合设备大修进行设备的更新改造。

（12）较大的检修施工，应以油库主管业务的领导牵头，组织业务部门有关人员，成立质量检评小组，负责检修项目质量检验评定，有关技术资料的搜集、整理和保存。

（13）要按照专业化协作与经济合理的原则，因地制宜地组织专业化修理机构，向修理专业化、社会化过渡。

第二节　维护检修作业组织与实施

一、管理机构与职责

上级主管油库部门是检修项目实施的主管单位，负责监督、检查、指导检修项目的实施；上级安全环保部门是检修实施安全监督的主管单位，负责监督、检查检修施工安全的执行情况。

（1）地区公司应成立检修项目领导小组，负责领导、组织、协调检修项目的实施。检修项目领导小组由地区公司主管领导任组长，安全和油库主管领导任副组长，其成员由工程、安全和油库等部门负责人组成。

（2）地区公司主管部门是检修项目实施的主管部门，并应成立检修项目领导小组和检修项目小组，作为检修项目实施的具体执行和管理机构，负责检修项目实施的组织、协调、检查、验收等工作。

（3）在施工中遇增、减检修项目，改变检修内容，应由变更单位提出书面申请，报油库管理部门签署意见后，经检修项目领导小组批准同意后组织实施。

（4）检修项目验收结束后，检修内容、工程（工作）量经检修项目小组确认，15天内检修施工承包单位将决算书报地区公司主管部门办理结算手续。

二、检修作业的实施

（1）检修项目的施工作业依据承包单位编制的且经检修项目领导小组审批同意后的检修作业计划组织实施。检修作业计划应明确具体的检修内容、设备材料的技术标准，确定具体的质量、安全、工期目标、检修预算和保证措施等内容。

（2）检修所需材料应按照供应的分工和集中采购的原则加强跟踪，确保检修施工开始前到达现场，并严格执行进场检验程序，其中与原设计发生变化的设备、材料应经设计单位核算或经过专家论证可行后，方可使用。

（3）检修施工承包单位要按照确定的进度实施计划，落实人力、机具等安排，制定相应保证措施，跟踪检查、稳步实施、按期完成。

（4）要按照"同步检查、同步确认、同步形成质量检查记录"的原则，其检修项目小组与检修施工承包单位完成质量检验、隐蔽工程记录、交工技术文件等记录文件。检修记录可参照《油库工程竣工验收内容规定》执行。

（5）检修施工承包单位在作业期间应文明施工，施工完毕后要及时恢复施工作业场所原有的环境面貌，并由检修项目小组进行验收。

（6）检修施工质量以自检为主，实行自检、互检与专业检查相结合施工的原则，由检修项目小组组织有关单位和相关部门共同进行施工质量的验收，质量不合格要及时返修，未经验收的检修项目不准投入使用。静止设备、阀门、管道试压或严密性试验由检修施工承包单位填写记录，由检修项目小组工程管理人员现场确认。转动设备要进行单机试运和联动试车，由检修项目小组确认或验收。

（7）检修后的设备、设施都应达到完好标准。存在下列问题不验收：没有完成全部检修内容；检修质量达不到标准；交工资料不齐全不完整；现场清理不彻底；卫生规范化达不到要求；安全防护设施未恢复等。

（8）在检修完工后的一周内，检修施工承包单位负责整理填写好设备检修记录、隐蔽工程记录、设计变更、竣工图（实际施工情况），试验记录经检修项目小组移交油库归档，并做到资料齐全，数据准确，字迹清晰、工整。

第三节　维护检修作业通用要求

一、装配

（一）装配前的准备工作

（1）熟悉机械各零部件的相互连接关系及装配技术要求。

（2）确定适当的装配工作地点，准备好必要的设备、仪表、工具和所需的辅助材料。

（3）检查、鉴定零部件，并进行清洗。凡不符合技术要求的零部件不能装配。

（二）装配的一般工艺要求

（1）装配时应注意装配顺序，采用的工具及设备，遇有装配困难的情况，应分析原因，排除故障，禁止乱敲猛打。

（2）过盈配合件装配时，应先涂润滑油脂，以利装配和防止损伤配合表面。

（3）核对零部件的各种安装记号，防止装错。

（4）对装配间隙、过盈量（紧度）、灵活度、啮合印痕等装配技术要求，应边安装边检查，并随时进行调整，避免装后返工。

（5）对旋转的零部件要进行静平衡或动平衡试验，合格后方可进行装配。

（6）对运动零部件的摩擦面，应涂以与运转时所用润滑油相同的润滑油（脂）。

（7）所有锁紧止退、防松装置，如开口销、弹簧垫圈等，必须按图纸要求配齐，不得遗漏。垫圈安放数量，不得超过规定。开口销、止动垫片等，一般不得重复使用。

（8）装定位销时，用装配专用橡胶或塑料镐头轻轻打入。

（9）每一零部件装配完毕，必须仔细检查和清理，防止漏装零件或将多余的零部（辅）件遗留在箱壳之中造成事故。

（三）装配工作中的密封性

（1）根据不同的压力、温度介质选用适当的密封材料。

（2）合理装配是防止密封失效，杜绝渗漏的关键环节，所有的装配紧度要适中，压紧度要均匀。

二、焊接

（1）焊工必须持有焊工合格证。焊工应详细了解焊接材料的性能和焊接工艺，阅读有关设计文件、图纸的工艺要求，按编制的焊接作业指导书施焊。

（2）焊接设备与焊接材料应相互匹配，焊材应具有产品质量证明书，并应满足焊接工艺要求，焊条的药皮不得有脱落或明显裂纹，焊条在使用前应清除其油污、锈蚀等，焊条在使用过程中要始终保持干燥，焊机应配置符合计量要求的电压和电流表。

（3）焊接中应保证焊道始端和终端的质量，始端应采用后退起弧法，必要时可采用引弧板。终端应将弧坑填满，多层焊的层间接头应错开50mm以上。

（4）在下列任何一种环境中施焊时，应采取有效的防护措施，否则不得进行焊接：

①雨天或雪天；

②手工焊时，风速大于8m/s；气电立焊或气体保护焊时，风速大于2.2m/s；

③大气相对湿度超过90%；

④环境气温：普通碳素结构钢，低于-20℃；低合金钢，低于-10℃；屈服点大于390MPa的低合金钢，低于0℃；不锈钢，低于-5℃。

（5）不得在焊件表面引弧和试验电流。不锈钢及淬硬倾向较大的合金钢焊件的表面不应有电弧擦伤等缺陷。

（6）焊接完毕后，应将焊缝表面熔渣及其两侧的飞溅清理干净；奥氏体不锈钢焊后，对焊缝及其附近的表面应进行酸洗、钝化处理。

（7）板厚≥6mm 的搭接角焊缝当采用手工电弧焊时至少施焊两遍，第一遍应采用分段退焊法，第二遍为连续焊。

（8）双面焊的对接接头在内侧焊接前应清根。当采用碳弧气刨时，清根后应采用角向磨光机修整刨槽，磨除渗碳层；当屈服点大于 390MPa 的钢板焊接清根后，还应做渗透探伤。

（9）管路焊接时，应垫牢，不得将管子悬空或处于外力作用下进行焊接，在条件允许的情况下，尽可能采用转动焊接，以利于焊接质量和焊接速度。

三、强度试压和严密性试验

（一）输油管路

（1）管路全线安装焊接完毕，按设计要求对管路全线进行强度和严密性试验，以检查管路系统及各连接部位的施工质量。

（2）管路的强度试压和严密性试验介质应采用洁净水，环境温度宜在5℃以上，否则须采取防冻措施。对于位差较大的管路系统，应考虑试验介质的静压影响。

（3）管路的强度试压和严密性试验，其清管器收发装置应与线路一同试压。

（4）对于更换现有管路或改线的管段，在同原有管路连接前应单独试压，试验压力不应小于原管路的试验压力。与原管路连接的焊缝质量的检查验收应遵守《现场设备、工业管道焊接工程施工规范》（GB 50236—2011）。

（5）管路的强度试压压力执行上条中所列标准。

（6）压力试验过程中，不得带压处理管路缺陷。缺陷消除后应重新试压。

（二）储油罐

（1）底板的严密性试验。在罐底板焊缝表面涂刷肥皂水或亚麻子油，将真空箱扣在焊缝处，其周边应以玻璃腻子密封严实，真空箱通过胶管连接到真空泵上进行抽气，观察经校验合格的真空表，当真空度达到 0.053MPa 时，所检查的焊缝表面如果无气泡产生则为合格。若发现气泡，做好标记并进行补焊，之后再进行真空试漏直至合格。

（2）罐壁严密性和强度试验。在向罐内充水过程中，应对壁板及所有焊缝进行外观检查。充水到最高操作液位后，稳压48h，如无异常变形和渗漏，罐壁的严密性和强度试验即为合格。

四、油库设备故障诊断

(一) 故障诊断方法与技术要求

常见的设备故障诊断方法与技术要求见表2-1。

表 2-1　设备故障的诊断方法与技术要求

方　　法		停机或不停机	故 障 部 位	操作人技术水平	说　　明
目测	目测法	不停机	限于外表面	主要靠经验	包括很多特定方法
	综合法	停机	如设计阶段考虑此种要求,可推广到内部零件	不需特殊技术	广泛用于航空发动机等设备的定期检查
热检测 (通用技术)		不停机	外表面或内部	多数不需什么技术	从直读的温度计到红外扫描仪
润滑油检测 (通用技术)		不停机	润滑系统通用的任意零部件 (通过磁性栓滤清器或油样等)	为区别操作性微粒和正常磨损微粒,需一定技术	铁谱和光谱分析装置可用来测定内含什么元素成分
振动检测 (通用技术),总信号检测,通带频率分析、峰值信号检测等		停机或不停机	任意运动零部件,传感器应放在振动的传播路径上,例如轴承座等	要求有一定技术	方法从简单到复杂都有,定期的常规测量花时间很短,不影响设备运行
泄漏检查		停机或不停机	任意承压零件	专用仪器极易掌握	
裂缝检查	染色法	停机或不停机	在清洁的表面上	要求有一定技术	只能查出表面断开的裂缝
	磁力线法	停机或不停机	靠近清洁光滑的表面	要求有一定技术,易漏查	限于磁性材料,对裂缝取向敏感
	电阻法	停机或不停机	在清洁光滑的表面上	要求有一定技术	对裂缝取向敏感,可估计裂缝深度,可查出很多种开工的材料不连续性,如裂缝、杂质、硬度变化等
	涡流法	停机或不停机	靠近表面,探极和表面的接近程度对结果有影响	需掌握基本技术	
	超声法	停机或不停机	靠近表面	为不致漏查,需掌握基本技术	对方向性敏感,寻找时间长,通常作为其他诊断技术的后备方法

续表

方　　法		停机或不停机	故 障 部 位	操作人技术水平	说　　明
裂缝检查	射线检查法	停机	如有清洁光滑的表面，在任何零部件的任意位置都行，必要时可以从两边同时进行	进行检查和解释结果都需相当技术	可同时检查大片面积，有放射性危险，应注意安全
腐蚀检测	腐蚀检查仪	不停机	管内和容器内	要求有一定技术	能查出 1μm 的腐蚀量
	极化电阻和腐蚀电位法	不停机	管内和容器内	要求有一定技术	只能指出有无腐蚀现象
	氢探极法	不停机	管内和容器内	要求有一定技术	氢扩散入薄壁探极管内，引起压力增加
	探极指示孔	不停机	管内和容器内	要求有一定技术	能指出什么时候达到了预定的腐蚀量
	试样失重法	不停机	管内和容器内	为使孔打至正确深度，需掌握基本技术	在拆卸成套设备时检测
	超声法	不停机	管内和容器内	为使孔打至正确深度，需掌握基本技术	可查出 0.5mm 的厚度变化

（二）设备故障常用检查方法和检查用具

油库设备故障常用检查方法和检查用具，见表2-2。

表2-2　设备故障的常用检查方法和检查用具

检查类别	检查内容	检查方法和用具
非破坏性检查	泄漏检查	用水和皂液或用氨气检查，用眼观察有无泄漏
	腐蚀检查	（1）用肉眼观察。 （2）管子内壁用管内检查镜观察。 （3）用深度规和腐蚀垫图测定腐蚀部分的深度。 （4）用预先装上的试验零件可以测量减量多少
	焊接部分的缺陷检查	（1）用肉眼、放大镜观察有无裂缝。 （2）用浸透探伤液检查有无裂缝。 （3）用磁力探伤仪和超声波探伤仪测定。 （4）用放射线检查有无裂纹。 （5）相类检查可用真空法

续表

检查类别	检查内容	检查方法和用具
非破坏性检查	厚度测定	（1）用量规测量厚度。 （2）用超声波测厚仪测量。 （3）按管内检查镜所得内径测定值求得厚度。 （4）预先安置的试验孔上用塞规测定。 （5）用锤敲推测厚度
	表面温度测定	（1）用表面温度计测定。 （2）用测温漆或测温片测定
破坏性检查	材质检查	（1）采用试样作机械性能和化学成分的测定。 （2）金相显微镜检查
	焊接部分的缺检查	将焊接部分切割一段进行腐蚀后，用微观照相或用显微镜检验
	厚度测定和腐蚀检查	切取耐腐衬里或管子的一部分测定厚度，对实际腐蚀状况进行详细调查
耐压、泄漏试验		用水或压缩空气进行耐压试验，检查法兰盘接头和阀门密封部分有无泄漏
其他		泵类定期检查使用的用具有：游标卡尺、卡钳、千分尺、千分表、水平仪、转数表、温度表、塞规、万能角尺、内往千分表、流量表、电流表、电压表、振动仪、超声波探伤仪等

第四节　钢质油罐的不动火修补法

为避免或减少危险性很大的动火作业，满足油库安全检修需要，经过多年的研究和实践，总结了多种不动火修补技术。油库常用不动火修补技术主要有环氧树脂玻璃布修补法、弹性聚氨酯涂料修补法、钢丝网混凝土（或水泥砂浆）修补法等。

一、环氧树脂玻璃布修补法

国产胶黏剂品种很多，主要有环氧树脂胶黏剂、聚氨酯胶黏剂，还有各种快速耐油堵漏胶等。其中较为常用的是环氧树脂玻璃布修补法。近年来，ZQ—200型快速耐油堵漏胶，以其良好的性能，在封堵油罐、油桶、油箱的渗漏方面取得了满意的效果。其操作步骤如下。

（一）钢板表面处理

（1）表面处理的准备。油罐用胶黏剂补漏时，为减少油压对修补层的剥离力，多从罐内进行修补（罐顶宜从罐外修补）。在实际中，罐底修补最多，也只能从罐内修补。因此首先应腾空油罐清洗，使其达到罐内作业的安全卫生标准。采用真空或检漏剂进行检查，确定渗漏部位，并做好标记。

（2）清洗旧漆和氧化皮。清除钢板上的旧漆、铁锈，擦净表面油污，并用粗砂布将氧化皮打磨掉，显出金属光泽。然后用无水酒精或丙酮擦拭清洗，使渗漏孔眼、蚀坑、裂纹显露出来。其清洗范围应比腐蚀面周边大100mm左右。

（3）刮腻子堵漏孔和蚀坑。如有较大的孔眼和蚀坑，应用软金属将孔眼填堵，略低于罐底板；如有裂纹，应在其两端钻直径 $\phi6\sim8$mm 的止裂孔，并将孔用软金属填堵。然后用灰刀将环氧腻子（其配方见表2-3）刮在腐蚀部位填堵孔眼、蚀坑、裂纹，并向四周抹开，使之与金属紧密结合。

表2-3 环氧腻子配方　　　　（单位：g）

原料名称	环氧树脂	正丁酯	乙二胺	丙酮	石灰粉
数量	100	10	6	3~5	20~30

注：环氧腻子配方较多，这里只举一例。

（二）涂刷补漏

用胶黏剂补漏通常是胶黏剂与玻璃布（含帆布、棉布等）交错涂贴，采用三胶二布或四胶三布进行补漏（布层太多易脱落）。现以环氧树脂玻璃布补漏为例说明胶黏剂补漏法。

（1）环氧树脂补漏剂配制。环氧树脂补漏剂的配方有多种，表2-4列出两种。配制时，先将环氧树脂倒入容器（不易倒出时可用水浴加热），加入稀释剂搅拌均匀，在涂刷前再加乙二胺搅拌均匀。因丙酮易挥发，乙二胺容易凝固，所以每次配制不应太多，能1h用完为宜。

表2-4 环氧树脂补漏配方　　　　（单位：g）

原料名称	黏结剂	固化剂	稀释剂	
	环氧树脂	乙二胺	二丁酯	丙酮
第一配方	100	10	20	
第二配方	100	10~15		15~20

（2）布料处理。玻璃布、帆布、棉布等表面一般都含有水分，或者粘有浆

料、油脂等而影响补漏质量。所以,布料宜进行烘干处理,如置于200℃恒温箱中保持30min。

(3)涂贴补漏。涂刷厚1~3mm的环氧树脂补漏剂,立即贴一道玻璃布,并压紧、刮平、排除气泡;再涂刷厚1~1.5mm的环氧树脂补漏剂,贴一道玻璃布,最后再涂刷一层环氧树脂补漏剂。

(4)检查防腐。修补层一般经一昼夜则基本固化,用真空法检查无渗漏后,即可进行防腐处理,也可不防腐处理。

(三)注意事项

(1)补漏剂配制时,配方应准确,投料顺序不能错,以保证质量;配制的补漏剂应不断搅拌,以防固化;气温低时可用30℃左右的水浴保温。

(2)修补面积应大于腐蚀面积,每边大30~40mm;后贴的玻璃布应大于前一层玻璃布,以保证与钢板结合平缓,受力均匀,粘贴牢固。

(3)施工人员应明确分工,动作迅速,补漏剂宜现配现用,尽量缩短放置时间,以防凝固失效。

(4)稀释剂易挥发、有毒,施工中不得直接接触,并应加强通风,防止人员中毒。

(5)修补面腐蚀严重,钢板余量较薄或有蚀孔时,可先粘贴0.1~0.15mm的不锈钢板,或者1~2mm的钢板后再用补漏剂处理。加垫的不锈钢皮或钢板尺寸应比孔洞或钢板厚度减薄部分大40mm左右,保证与被修钢板接触良好,并采取压紧措施,待固化后再行补漏。

二、弹性聚氨酯涂料修补法

弹性聚氨酯涂料以其耐水、耐油,防渗性能好,附着力强,以及有一定伸长性和强度,能与钢板共同变形等优良性能,成为油罐防腐、不动火修理的理想涂料。该涂料适用于油罐大面积修复和局部修补,对于焊接质量差造成渗漏,漏点又难查出时的涂刷补漏尤为方便。

(一)涂层的组合形式及性能

弹性聚氨酯修复由耐水性能好、附着力强的聚醚聚氨酯底层及耐油、防渗性能好的弹性聚氨酯面层涂料组合而成。局部修补罐底、焊缝、孔洞时,为提高底层与面层间的黏附力,可在底面层间增涂一道过渡层;被修补面因腐蚀而有麻点时,应用弹性聚氨酯腻子刮平。

1. 涂层的组合

涂层的组合见表2-5。

表 2-5　弹性聚氨酯涂料修复油罐的涂层组合

使用部位	涂层组合		
	底层	过渡层	面层
罐底局部孔洞、焊接处、接管处等部位	甲组分（聚醚预聚物）和乙组分（环氧树脂铁红色浆）按比例配制	底层涂料与面层涂料按重量比配制	聚氨酯预聚物和固化剂按比例配制。分灰、白两色，交替使用，以防漏刷

2. 涂料配制

（1）底层涂料根据需要量按重量比混合，搅拌均匀。

（2）面层涂料，先将乙组分用醋酸乙酯配制 30% 的溶液，即将 30 份重量的乙组和 70 份重量的醋酸乙酯放于干净的容器中，用水浴加热（加温一般不宜超过 70℃）至乙组分完全溶解（液体呈透明桔红色或茶色）。再将甲组分与配制的乙组分溶液按重量比混合搅拌均匀。

（3）过渡层涂料是由底层涂料和面层涂料按重量比混合，搅拌均匀。

（4）弹性聚氨酯腻子是将适量的滑石粉加入底层涂料中调制成膏状物。

（5）涂料配比见表 2-6。

表 2-6　弹性聚氨酯涂料各涂层比（质量比）

底 层 涂 料	面 层 涂 料	过 渡 层 涂 料	腻　子
甲组分：乙组分	甲组分：乙组分溶液	底层涂料：面层涂料	底层涂料
1∶1.5	10∶3	1∶1	加入适量滑石粉

3. 涂料和涂层性能

涂料和涂层性能见表 2-7。

表 2-7　弹性聚氨酯涂料和涂层性能

涂层类	涂 料 性 能	涂 层 性 能
1. 底层	（1）固体组分含量不低于 65%	（1）外观平整、光滑
	（2）在 25℃ 条件下，有效使用时间为 4h	（2）硬度（25℃、3 天后）：0.5
	（3）在 10℃ 以下，相对湿度 95% 以下，能正常施工且固化成膜	（3）冲击（25℃、3 天后）：正反都通过 4.9N·m
	（4）甲、乙两组分在 25℃ 下，可密封存储 1 年	（4）弹性（25℃、3 天后）：1mm

涂层类	涂料性能	涂层性能
2. 面层	（1）固体分含量不低于 60%	（1）外观平整、光滑
	（2）在 25℃条件下，有效使用时间为 2h	（2）伸长率为 500% 左右
	（3）在 10℃左右，相对湿度 95%以下，能正常施工且固化成膜	（3）与聚醚聚氨酯底层的黏附力：4312N/m 左右
	（4）聚氨酯预聚物在室温下，密封储存期为 2 年左右	（4）扯断强度在 20MPa 以上
		（5）耐油性能：常温下浸泡于 66 号车用汽油或 1 号喷气燃料中 1 年，其伸长率和扯断强度基本无变化，增重百分率分别为 4.54 和 2.37
		（6）对油品污染性能：以实际卧式油罐容量与涂层表面积之比，将涂层表面积扩大 15 倍，即取表面积为 15cm 的试片，在室温下分别浸泡于 200m 的上述两种油中，1 年后测定油品实际胶质含量均符合标准规定

（二）修补程序和工艺

弹性聚氨酯涂料修复油罐按以下程序和工艺进行。

（1）腾空油罐，经清洗和通风换气达到入罐作业的安全卫生要求。

（2）清除钢板表面的油污、旧漆和浮锈，用二甲苯或醋酸乙酯擦拭干净。

（3）如油罐底板局部锈蚀穿孔，用软金属堵塞孔洞，填入孔洞的软金属应低于钢板表面。如孔洞较大时应粘贴加强钢板，加强钢板厚度以 1～2mm 为宜，直径比修补的孔洞直径大 40mm 左右（图 2-1）。其方法是除去钢板两表面浮锈并用溶剂擦拭干净，将底层涂料涂刷在加强板的一面和被加强孔洞部位，放置 30min 左右，涂料中溶剂基本挥发完后，将加强钢板贴于被加强孔洞部位，并用力压实。

（4）涂刷第一道聚醚聚氨酯底层涂料。

（5）用弹性聚氨酯腻子填平焊缝、蚀坑、孔洞以及凸凹不平的部位。腻子应刮抹平整。

（6）涂刷第二道聚醚聚氨酯底层涂料。

（7）修补罐底、焊缝、孔洞时，尚应涂刷过渡层涂料。

（8）涂刷弹性聚氨酯面层涂料 2～4 道。

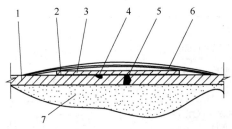

图 2-1　有加强板的弹性聚氨酯修补示意图

1—油罐底板；2—弹性聚氨酯底层涂料；3—加强板；4—点蚀坑；

5—蚀孔（填入软金属）；6—三至五道弹性聚氨酯涂层；7—沥青砂垫层

（9）施工结束后，涂层经 20~30 天固化时间，油罐即可装油。

（三）注意事项

（1）修补罐壁、焊缝、孔洞时，一般应间隔 8h 涂刷一道。修补罐底应在前道涂料基本干固后才能涂刷下一道涂料，即踩踏涂层基本不粘脚为宜，约需 24h。

（2）面层涂料是耐油、防渗层，是修补质量的关键。涂刷应力求均匀，不漏刷、流挂。可灰、白两色涂料交替涂刷，防止漏刷。

（3）底、面层涂料的预聚组分能与水发生反应。因此，装预聚物的容器应封口存放。

（4）底、面层涂料具有一定的有效使用时间。因此，每次配料量应根据施工时的气温、施工人员多少，做到现用现配，防止失效浪费。

（5）碱、胺、醇、水等能引起底、面层涂料胶凝，配制、涂刷时应严防混入。

（6）配料和涂刷使用的工具应及时清洗干净。

（7）涂料中的有机溶剂具有一定的刺激性和毒性，且易燃易爆，施工时应采取通风、人员防护、严禁火源的安全措施，照明设备必须使用隔爆型，且按 1 级爆炸危险场所选用。

（四）弹性聚氨酯和玻璃布大面积修理底板举例

某油库 1000m³ 半地下钢筋混凝土顶油罐，底板大面积减薄，小于底板允许余厚最小值，还有多处密集点蚀，由于是钢筋混凝土顶更换底板困难较大，采用四层玻璃布，七道弹性聚氨酯涂料修理，取得了理想的效果。其程序和方法是：

（1）底板按防腐质量要求处理。

（2）涂刷一道弹性聚氨酯底层涂料，用弹性聚氨酯腻子处理点蚀。

（3）涂刷一道弹性聚氨酯过度层，铺一层玻璃布。

（4）涂刷一道弹性聚氨酯面层涂料，铺玻璃布时与上一层玻璃布交叉。如此交叉涂刷弹性聚氨酯，铺玻璃布，最后涂刷两道弹性聚氨酯涂料，总厚度1mm左右。

（5）弹性聚氨酯玻璃布涂层延伸到罐壁，每道比上一道延伸50mm左右。

（五）弹性聚氨酯涂刷油罐施工用料、工时及工具参考表

弹性聚氨酯涂刷油罐的施工用料、工时、工具与各单位的施工条件、技术熟练程度及管理水平有关，现根据几个单位的实际数据综合分析，列出弹性聚氨酯涂料油罐施工用料、工时及工具数量，见表2-8至表2-11，仅供参考。

表 2-8　涂刷 1000m² 涂层所用材料

材 料 名 称	数 量	备 注
弹性聚氨酯（kg）	1000	灰、白色各半
MOCA（kg）	105	
环氧树脂（kg）	200	
醋酸乙酯（kg）	500	
K-54	3	
乙二胺	20	
白灰黑	0.5	
滑石粉	5	
水泥	100~200	修补金属罐不用水泥

表 2-9　4000m³ 卧式混凝土内涂弹性聚氨酯油罐施工工时参考表

工序名称	顶、壁用工时（h）	罐底用工时（h）	罐内总面积（m²）	单位面积工时（h/m²）
施工准备	511			
混凝土表面处理	276	60		
涂刷底层	79	25		
刮腻子	574	7		
涂层面层	333	82		
处理伸缩缝	96	29		
配料	70	27		
辅助	150	31		
小计	2089	261		
合计	2350		2000	1.2

表2-10 2000~3000m³混凝土内涂弹性聚氨酯油罐施工工具参考表

名 称	规 格	单 位	数 量	备 注
刮腻子刀		把	10	
油漆刷	4″	把	30	涂刷底、面层用
油漆桶	小圆桶	个	30	涂刷底、面层用
防爆灯	100~200W	个	6	照明用
钢丝刷		把	5	清理罐内表面
席子		张	10	铺罐底供蹬踩用
扫帚		把	10	清扫罐内用
擦布		kg	5	清理罐内表面用
棉纱头		kg	5	清理罐内表面用、擦手
干湿温度计		个	2	罐内外测温用
口罩		个	30	操作人员用
布袜子		双	30	操作人员用

表2-11 涂料配制用具参考表

名 称	规 格	单 位	数 量	备 注
磅秤	称量100kg	台	1	称料用
台秤	称量5kg	台	1	称料用
天平	最大称1000g 感量1g	架	1	称料用
玻璃温度计	0~100℃	支	1	抽醋酸乙酯用
油抽子		个	1	
大缸		个	2	配料用
恒温水槽		个	1	加温用
水舀子		个	3	配料用
筛子	60目	个	1	过滤弹性聚氨酯用
水桶		个	4	运配制好的涂料
搅棒		根	4	配料用
棉纱		kg	2	擦洗工具用

三、钢丝网混凝土(或水泥砂浆)修补法

混凝土和水泥砂浆,材料普通,来源广泛,施工简单,造价不高,用混凝土(或水泥砂浆)加钢丝网修复油罐也是一种行之有效的土办法。

（一）钢丝网混凝土修复油罐的实例

青岛某油库一个容量为1600m³油罐，在1945年底或1946年初，由美孚公司建造。钢板厚3mm左右，用螺栓连接，垫有耐油胶垫，罐底有海水垫层。1952年油罐大修时，改用焊接，到1958年罐底锈蚀严重，麻点锈坑、穿孔很多，无法使用，亦难以用焊补修复，当时就在其中一个罐的罐底打了100mm厚钢丝网碎石混凝土，装了柴油，至今20多年，对罐底再没有进行保养、处理，使用情况良好。1977年，腾空油罐清洗检查过一次，混凝土表面光滑，没有一处腐蚀，当时工人施工踩的脚印仍明显可见。

旅顺某油库一个油罐，是1921年建造的铆接钢板油罐。最初发现渗漏，就用铁錾碾缝修补，后来想用焊接来修复。但因焊补时铆钉未除，焊接变形过大而导致油罐多处拉裂，渗漏严重而不能装油。后来于1975年在其罐底打了钢丝网碎石混凝土，先储柴油，后改储燃料油，至今几十年未发现问题，使用良好。

（二）钢丝网混凝土(或水泥砂浆)修复油罐的适用范围

（1）修复油罐振动小的部位。

（2）修复油罐潮湿易腐的部位。

（3）钢板贴壁油罐的内表面和离空钢油罐的罐底用混凝土(或水泥砂浆)修复最为适宜。

即是修复上述油罐及其振动小的部位，也应设法做些防振处理，使被修复的部位尽量固定不动。

洞式油罐和护体隐蔽油罐的离空罐壁，在收发油时容易振动，不适于用混凝土修复。

（三）钢丝网混凝土(或水泥砂浆)修复罐底的施工方法

（1）放空油料，机械通风，排除油气，清洗油罐。

（2）全面检查油罐内表面腐蚀、渗漏情况，做好记录，装入油罐的技术档案备查。对于待修的罐底焊缝，应逐条逐段用真空盒检漏，找出漏点。

（3）处理罐底基础，使基础消除振动。对于无砂垫的混凝土基础，原来就不会上下往复振动，则可不做处理。对于沥青砂弹性基础，就须进行处理。对变形上鼓，可以用脚踩的方法检查离空振动部位，然后在离空部位的中心开个300mm方形或圆形孔洞，由此孔洞填塞沥青砂于罐底，填满空鼓。但也不要填得太多，反使底板受力。

（4）用比开孔稍大一点的钢板，补焊在处理基础时割开的孔洞上，同时焊补罐底钢板漏点。焊补过的地方均应用真空盒检漏合格才行。

（5）清理罐底，除去浮锈，抹掉浮灰，然后刷一道浓白灰浆水或水泥浆水，作为打混凝土前的临时防腐层，否则罐底在打混凝土之前又会生锈，影响以后的防腐效果。

（6）按伸缩缝在罐底放线。伸缩缝是给混凝土热胀冷缩预留的位置，一般2~3m留一条10~15mm宽的缝即可。圆形罐底可如图2-2预留米字形伸缩缝，弧长大于3m时，可在两长缝中加短缝。长方形罐底可如图2-3预留方格网状伸缩缝。

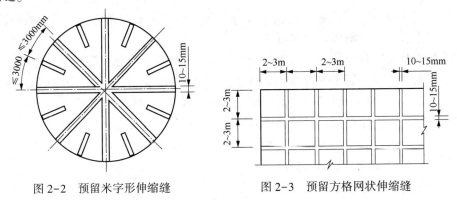

图2-2　预留米字形伸缩缝　　　　图2-3　预留方格网状伸缩缝

（7）布钢丝网，打混凝土。布钢丝网、打混凝土应按划好的伸缩缝的线一块一块进行，并从距油罐人孔最远的地方开始，逐步向人孔退回。

钢丝网的规格不必严格，钢丝直径1mm以上，网间距40~60mm即可。钢丝网布在罐底应用小块石垫起，使钢丝网居混凝土层中间。混凝土的配料拌和要严格掌握，这对施工质量影响较大。

混凝土中的水泥应选用存期短、性能好，400号以上普通硅酸盐水泥。

混凝土中的砂子，选中粗砂，含泥量要少，并要用水冲洗。

混凝土中的石子，选用粒径为10~20mm的碎石，且片状石要尽量少。

混凝土中的水量要掌握好，水灰比要适中，一般为0.5，尤其水不能多。

混凝土按200号配制，其水泥：砂子：石头的比为1∶1.8∶3.9。

配好料后，搅拌要均匀。可以在罐外用机械搅拌，但运到罐内还应用人工搅拌后再倒在指定的部位，振捣抹平。振捣要尽量密实，抹平时掌握好混凝土设计厚度和罐底排水排污坡向坡度。要用经纬仪器测量在罐壁上划出水平线，然后用尺量，在罐壁划出罐底的坡度线来。

混凝土的厚度有6~8cm即可，太薄了不好施工，钢板和钢丝网的保护层也不够。但太厚了也没有必要，反而费料费工，提高了造价。

（8）抹水泥初凝后即可撒少量水对其养护，等混凝土可蹬踩时即应抹水泥防渗层。其方法步骤如下：

① 对混凝土表面要用凿子及竹刷或钢丝刷刷去浮尘等松散物，用清水冲洗干净。

② 选料配料拌和水泥砂浆：防渗抹面层选料应更严格，除遵循前面所说混凝土的选料要求外，对砂粒径也应要求，既属中砂，但粒径又不得大于3mm。水泥最好选用存期短的500号硅酸盐水泥，两种不同品种的水泥不得混用，因为混用水泥会造成抹面鼓裂。水泥和砂的比例对防渗有很大关系。水泥用量多了，硬化时收缩量大，容易裂纹。砂子用量过多，水泥填充不了全部砂子的空隙，防渗性就差。根据国内的试验经验，水泥和砂子的重量比以1：2.5为宜。水以水泥重量的45%至55%为合适。拌和时，应先将水泥和砂子干拌，然后加水湿拌三至五遍，拌得越匀越好。每次拌和量以45min用完为宜。

③ 在混凝土表面先刷水泥浆，然后再做水泥砂浆抹面，在两层抹面间，也要刷水泥净浆，这可以加强两层间的结合力。净浆中水泥和水配合的重量比为1：0.4~0.5。要求边刷边搅拌，以免水泥沉底。

④ 抹面水泥砂浆面层：水泥砂浆抹面，一般抹三至五遍，遍数太多，反而会不好。因为水泥干了有收缩特性，越干收缩越大，抹面层数越多，内外层抹面的收缩量相差就越大，这样就容易因内外干缩量不一致而引起离鼓。抹面的厚度不宜太厚，抹面过厚不仅浪费材料还不易压实。一般每层厚度控制在5mm左右，3~5遍总共厚为2~2.5cm左右可满足防渗要求。

实践证明，防渗的效果好坏，不在于多抹几遍或抹厚一点，而在于抹面质量和保温程序的好坏，所以一定要掌握好操作方法。抹面时一定要用力向一个方向抹压密实，并把砂浆内的空气赶走。不能来回地抹，这样空气就赶不净，会有气泡产生。如发现有气泡，要及时捅破，然后压实。待抹面初凝后(即看到表面不发光亮)，就开始用铁抹子分几次抹压，但要注意每次抹压时用力不要太大，不要在一处来回过多地揉压，以免起皮，抹压完了，最后还要用木抹搓成麻面，以利于和第二遍抹面结合。等每遍抹面用手按时有硬的感觉，但用力按时又有指印，就可以抹第二遍。第二遍以及以后几遍的操作方法同于第一遍，只是在最后一遍不再用木抹搓毛，而是应用毛刷扫毛，以利于与涂料结合。如果表面不再涂涂料，则不能用毛刷扫毛。

(9) 继续养护混凝土和水泥防渗层。这也是保证混凝土质量的重要一环。在水泥防渗层初凝以后，就在其表面撒少量水进行保养。等人可以踩时，可以进罐内在其混凝土表面盖草垫撒水养护。养护时间一般不少于14天，最好养护28天以上。布钢丝网、打混凝土、养护、做防渗层等几道工序是有机的联系，不能间隔时间长，要一块块连续进行，否则会影响施工质量。可以按伸缩分区同时施工几块，几道工序顺次穿插进行。

（10）检查修补水泥防渗层表面。在撒水养护的同时，尚应随时检查观察水泥防渗层表面的整体性、密实度。发现原来施工缺陷或凝固过程中的裂纹，须及时用水泥浆修补。质量很差的要将整片伸缩缝区域内的防渗层全部打掉，重新做水泥防渗层。

（11）填充伸缩缝。伸缩缝内应填充耐腐、防渗、与钢板粘贴力强的柔性材料。选用丁腈橡胶的混炼胶浆，或选用弹性聚氨酯涂料等都可以，可按油库购料情况和习惯用料选用。

（12）刷水泥-帝畏清漆耐油涂料。水泥-帝畏清漆，可以与水泥抹面牢固结合，较好地联合起来进行防渗。水泥-帝畏清漆对抹面又有保护作用，防止水泥抹面内水分较快蒸发，减少抹面干缩，增强抹面的抗渗能力，同时水泥-帝畏清漆本身是耐油、耐水的防渗涂料，因此水泥抹面上再涂这种耐油涂料大有好处。当然油罐本身若没有渗漏，打混凝土或水泥砂浆的目的主要是钢板防腐，这种情况下可以不再加涂水泥-帝畏清漆。这种涂料是水泥与帝畏清漆两种材料配制而成的，两者的比重比为 1∶0.5~0.8。配制时，将帝畏清漆徐徐倒入水泥中，充分地进行搅拌。漆的用量可以根据它本身稀稠程度而作适当调整，直到便于涂刷为准。每次拌和量以在 20~30min 内用完为宜。涂刷时，如抹面上有水点，应用干布擦干。涂刷涂料要薄而匀。刷完第一遍后到不粘手时就可以开始刷第二遍，这样连续刷四遍。每两遍的间隔时间不要太长，以免积聚较多冷凝水，影响粘贴质量。

因为帝畏清漆中含有易燃、易爆、有毒的成分，所以在涂刷施工中要注意安全，注意防毒、防火。罐内要加强通风，进罐操作人员要戴上装有二号活性炭的防毒口罩。出汗时不要进罐操作，皮肤也不要直接接触涂料。每次操作时间不要过长，隔 20~30min 就要出罐休息一次。作业完毕要洗澡。

第三章　油库设备应急抢修

第一节　概　　述

一、油库设备应急抢修的目的意义

油库设备应急抢修不同于一般的日常设备维修。应急是指应付紧急需要，抢修是指发现油库设备故障或损坏后，组织力量抓紧时间快速修理，迅速恢复油库设备功能。应急抢修则是指应急情况下，为迅速恢复发生故障或破坏的油库设备功能，而采取的紧急修理活动。应急情况应包括平时应急状态和战时应急状态。

油罐、输油管线和阀门等是油库的主要工艺设备，是实现储输油功能的主要硬件，是油库应急抢修的主要考虑对象。由于油库中储输的主要是轻质油品，易燃易爆，设备发生故障或事故后危害大，抢修时安全性要求高。因此，油库应急抢修应以轻油的储罐、管线和阀门作为重点考虑对象。

现役储输油设备在使用一段时间后，由于腐蚀穿孔、微裂纹、砂眼及施工质量、外力误操作、战时敌方的攻击等因素都会对油库设备造成损坏，导致设备渗漏。传统的修补方法是腾空油罐或管道、清洗处理后再进行焊补或用环氧树脂进行粘接。这些修补方法对修补部位的清洁度要求较高，修补的时间较长。近年来随着一些新材料、新技术的开发和应用，对带油、带压、带温、不动火状态下油库设备渗漏的快速修补成为可能。因此，研究油库设备带油、带压、带温、不动火情况下应急抢修技术和方法，研制方便实用、简单可靠的油库设备应急抢修作业装备，加强对油库人员应急抢修能力的培训，完善油库设备应急抢修方案，在油库遭到战争、自然灾害和业务事故等破坏的情况下，对油库设备实施紧急抢修，迅速恢复油库保障能力，具有十分重要的意义。

二、油库设备应急抢修的任务和原则

（一）油库设备应急抢修的任务

油库设备应急抢修工作是油库安全管理工作的重要组成部分。油库及其上级业务部门应根据油库安全管理要求进行统一和规范，其主要任务如下。

（1）研究油库遭破坏的可能情况及应急对策。

（2）研究和优选应急抢修技术与装备。

（3）编制油库应急情况处置预案，确保应急处置的科学高效。

（4）组建应急抢修抢险分队并定期进行演练和总结，提高应急抢修能力。

（5）发现情况，及时组织油库设备抢修，迅速恢复油库设备功能。

（6）查找油库设备故障或破坏原因，积累管理经验，避免故障或事故的再次发生。

（二）油库设备应急抢修的原则

油库储输油设备设施突发故障后的应急抢修，情况难以预见，环境条件复杂，应急处置要求技术性强，时效性、安全性好，通常应遵循以下原则。

1. 快速反应原则

快速反应是油库设备应急抢修的根本要求。快速，能够为控制事态的发展，延阻事故的扩大，取得最有利的抢修时机。快速反应要求发现情况快、报告迅速，同时对油库设备故障的位置、性质、规模等应判断准确。为了快速扼制事故，恢复油库储存及保障功能，抢修应在尽可能短的时间内完成。油库应制定切实可行的抢修预案，并定期进行演练；同时，要配备一套可靠、快捷、机动的抢修器材，发生紧急情况后按照预案规定的程序和分工等迅速实施应急处置。

2. 防止事态扩大原则

油库储输油设备损坏时，应迅速划定隔离区域，部署消防和警戒力量，采取有效措施，防止环境污染，防止着火爆炸和其他事故的发生。进行抢修作业时，应做好安全管理和消防值班，严格按章作业，确保设备和人员的安全。

3. 不动火原则

油库应急抢修作业现场通常都有大量的油料及油气存在，危险性大，加之抢修作业紧急，对安全要求高。因此，应科学确定油库设备应急抢修方法，尽可能采取封堵、粘接等不动火抢修方法，尽量不采用焊接堵漏工艺，避免在抢修过程中使用的器材产生高温和火花，防止发生次生事故，确保应急抢修全过程的安全。

4. 积极回收油料和抢救物资原则

发生油料跑冒流失或物资受到威胁时，在做好安全工作的同时，应采取措施制止继续跑油，积极回收油料、抢救转移物资，尽量减少损失，搞好环境保护。

三、油库设备应急抢修的特点

（一）紧迫性

油库设备故障或事故是由于某些不稳定因素在一定条件的刺激下而爆发的。由于激发条件的类型、出现的时空特性具有偶然性，致使故障或事故发生虽然有征兆和预警的可能，但实际发生的时间、地点具有不可完全预测性，具有明显的突发性，往往令人猝不及防，给应急抢修作业准备提供的时间极其短暂。因此，油库设备应急抢修时效性要求高，应急抢修时限要求短。

（二）危险性

由于油库设备泄漏造成作业现场的油气积聚，易造成抢修作业人员油气中毒；有些油库设备还需要带温、带压作业或野外作业，也会给应急抢修带来困难。尤其在洞库、油罐间、泵房等密闭空间作业时，发生油气中毒或着火爆炸的可能性增大，危险性更大，对抢修作业人员构成严重威胁。此外，在应急抢修过程中，因人的不安全因素、处置方法不当等，容易使得事故激化，导致事故进一步扩大和蔓延。

（三）技术性

正确合理地运用应急抢修技术，充分发挥抢修器材的作用是油库应急抢修取得良好效果的重要环节。油库设备应急抢修的技术性很强，尤其是带油、带压、带温、不动火状态下的油库设备应急抢修作业，恶劣的环境常常会给抢修造成很大困扰，如泄漏介质温度、压力过高，毒性过大，或者高空造成作业人员难以靠近；又如有些泄漏点位置隐蔽或泄漏设备变形严重，难以安装堵漏夹具或使用堵漏器材；还有一些泄漏的设备由于长年冲刷使用，已发生严重减薄变形，存在一定的隐患。这些都要求科学的应急抢修预案、先进的应急抢修器材和精湛的应急抢修技术。

（四）复杂性

油库设备应急抢修组织指挥复杂，一是因为油库储输油设备种类多，故障或事故形式多样，应急抢修作业环境复杂，意外因素多，抢修作业复杂困难；二是因为参加油库设备应急抢修作业的部门多，涉及油库修理工、保管员、消防员、警卫员等多工种人员，技术素质要求高，组织指挥协调难。

四、油库设备带压堵漏

（一）带压堵漏技术的产生与发展

堵漏就是采用一定的设备、材料和工具按照一定的作业程序和方法将漏点封堵，阻止介质的泄漏。堵漏技术就是专门研究原密封结构失效后，怎样在泄漏缺陷部位重建新的密封体系的一门技术。堵漏技术包括两方面内容：一是指在没有泄漏介质干扰的情况下，对已经存在的泄漏缺陷进行有效修复，称为静态堵漏或静态密封；二是指在泄漏已经发生，并且泄漏介质不断外泄的情况下，为了有效地减少泄漏所造成的损失，采取特殊的手段而进行再密封，称为带压堵漏或带压密封，学术上也称为动态密封技术。

　　带压堵漏，也即动态密封，就是在原有密封结构（包括静态密封技术建立起来的密封结构）一旦失效或设备出现孔洞，渗漏已经发生，并且流体介质不断外泄的情况下，为了有效减小渗漏所造成的损失，所采取的特殊手段而进行的再密封。本书研究的应急抢修技术就是指油库动态密封技术。

　　在堵漏技术发展初期，一般仅能在停产、停输的条件下进行简单的堵漏作业。1922 年，美国人克莱·弗曼（Clay. Furman）巧妙地将橡胶工业中的热注原理移植到带压堵漏作业上来，首先在海军舰船蒸汽动力系统上应用成功。这种方法称为"注剂式带压堵漏技术"，又叫"弗曼耐特堵漏法"。1927 年，美国成立了专业化的弗曼耐特堵漏服务公司。1929 年，英国人买下了该项专利技术，在英国本土成立了弗曼耐特公司，他们又研制了多种专用密封剂，使应用范围逐步扩大，技术日益成熟，得到世界的公认，在石油、化工、热电厂与核电厂、钢铁厂、船舶、海上工程、造纸工业、食品工业等行业获得了广泛的应用，成为世界上应用最广泛的带压堵漏方法，特别是在石油化工系统，几乎成为必备的技术手段。如今各石化企业基本上都成立了专业的堵漏队伍，为保证正常生产保驾护航。

　　弗曼耐特公司如今已在全世界 40 多个国家和地区设立了服务网点，提供堵漏维修专业技术服务。伴随着海洋石油工业的发展，海上采油平台及输油、输气管道的泄漏也不可避免。弗曼耐特公司可将作业人员及设备用直升飞机或船送到生产平台或海上任何地点，进行快速堵漏作业；还可在潜水员或潜水密封舱的帮助下进行水下堵漏作业。

　　我国在 20 世纪 80 年代初开始进行带压堵漏技术的研究和应用，到 90 年代中期已经形成了比较严谨的理论体系和规范的作业技术手段，广泛应用于石油、化工、冶金、能源、造纸、船舶、海上工程、流体储存和输送等领域，在减少生产物料流失、避免停产及环境保护方面发挥巨大的作用，已经成为设备维护、管道维修不可或缺的应急技术手段。随着堵漏技术的发展和应用，我国的黏合剂与密封材料的研究与生产取得了长足进步。1980 年我国黏合剂与密封材料的年产量约为 $20×10^4$ t，1987 年年产量为 $70×10^4$ t，1995 年就达 $90×10^4 \sim 100×10^4$ t。就总体而言，在质量和开发应用方面还存在一定的差距，品种的系列化也不足。但在近几年发展非常迅速，在黏合剂方面某些技术已处于世界领先水平。

　　国外发达国家油库设备设施维修一般是专业化、社会化服务，油库自身不担负维修和抢修任务。目前，国内商业油库还未涉及系列成套的油库应急抢修技术的研究和抢修器材的配备。非商业油库应急抢修器材从 20 世纪 70 年代起开始研究，在当时战略思想的指导下，对战备工作比较重视，一些油库对应急抢修器材做过一些尝试，试制了一些简易器材，但没有形成系列，也不配套，而且这些抢修器材技术水平低，使用不大方便，此后多年没有再进行深入研究，与油库所承担的使命要求相差较远。1994 年以后，油库设备应急抢修的研究有了较大进展，研制了油库应急抢修抢险作业车等装备，这些装备具有车载化、机动性好、功能全等特点，除了用于油库设备的紧急抢修外，还具有应急抢险功能，但这些装备投资大，配备受限，对于处理油库设备常见的滴、渗、漏故障使用不便，迫切需要简单可靠、方便实用的油库设备抢修器材。

近几十年来，随着新胶黏剂的不断出现，冷焊技术也得到了较大发展。德国早期研制的爱司凯西及钻石两大系列冷黏耐磨涂层较早应用于机床制造业中。德国 MultiMetall 公司研制的美特铁冷焊系列技术产品，已经得到德国劳氏、英国劳氏、挪威、美国、原苏联、日本、巴西和中国等许多国家船级社及德国 MANB&W 柴油机制造公司等世界许多权威机构的认可，这一系列冷焊产品在世界工业发达国家得到广泛的应用，涉及船舶、海洋工程、石油、化工、运输、冶金、机械、电力、水利、矿山、航空、市政以及军事装备等领域。其他国家的产品，如瑞士的麦卡太克(MeCaTec)10 号和 12 号用于修复严重冲蚀磨损的水轮机叶片；美国贝尔佐纳系列产品用于石油化工、造纸、机械等行业；我国研制的 HNT 环氧耐磨涂层材料是国内较早研制的冷焊产品，用于机床导轨或其他摩擦面；某胶黏技术研究所研制的 AR-4、AR-5 和某学院研制的 TG 系列超金属修补剂都广泛地应用于机械零部件耐磨损和耐腐蚀修复及预保护处理等领域，收到了很好的效果。目前国内外对油罐、管道、阀门等设备的具体抢修方法有较多研究，但还没有专门针对油库设备带油、带压、带温、不动火修补的胶黏剂进行研制、试验和筛选，也没有制定相应的《油库设备应急抢修作业规程》，对油库设备应急抢修作业程序、抢修方法、抢修设备的使用和抢修作业要求进行科学化和规范化管理，应急抢修技术在油库中应用不够普遍。

（二）带压堵漏的优点

带压堵漏的优点主要体现在四个方面。

（1）适用范围广。带压堵漏适用于油罐、管道、阀门、法兰等泄漏部位，适用于喷气燃料、汽油、柴油等介质，适用于-195~900℃的介质温度。

（2）操作性强。堵漏过程中不需对泄漏部位作任何处理就能实施堵漏。同时，新的密封结构易拆卸又不需破坏原来密封面，操作简便迅速。

（3）安全性好。堵漏过程中，无需动火作业，安全性较好。

（4）经济效益高。虽然带压堵漏所使用的设备设施成本低，但是堵漏效果明显，效费比高。

（三）带压堵漏技术的分类

带压堵漏是对综合性、技术性要求极高的特殊密封技术。带压堵漏的方法多种多样，其分类如图 3-1 所示。

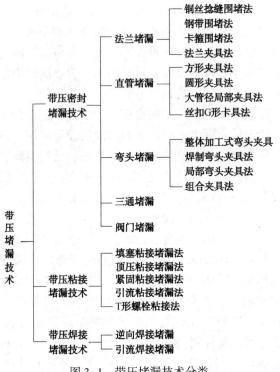

图 3-1 带压堵漏技术分类

油库设备渗漏主要有法兰渗漏、油罐及管线焊缝渗漏、腐蚀穿孔渗漏、振动及冲刷渗漏、阀门渗漏等。尽管带压堵漏的方式很多，但适合于油库的带压堵漏技术主要有带压密封堵漏、粘接堵漏、顶压堵漏、磁压堵漏、夹具堵漏、捆扎堵漏、气囊堵漏、焊接堵漏等。

第二节　钢质油罐的应急抢修

一、法兰应急堵漏法

法兰堵漏法适用于罐底局部腐蚀穿孔的修补，如图 3-2 和图 3-3 所示，其步骤如下。

（1）腾空清洗。按照要求清洗油罐，使其符合进罐作业的安全卫生要求。

（2）检查定位。检查罐底腐蚀情况，标出可用法兰堵漏法修补的部位。按法兰的内孔尺寸应比腐蚀穿孔部位边缘大 20~30mm 的要求，确定适合的法兰尺寸。

（3）加工零件。按选定法兰尺寸加工或购置堵漏所需法兰短管、半圆法兰垫板、法兰盖板、橡胶石棉垫等零部件。

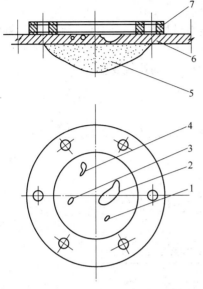

图3-2　罐底局部腐蚀示意图

1、3、4—腐蚀部位；2—全部腐蚀穿孔；
5—浸湿油品的部位；6—罐底钢板；
7—堵漏下法兰

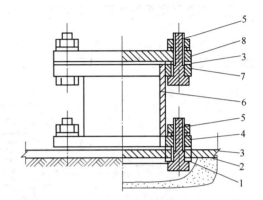

图3-3　法兰堵漏示意图

1—半圆法兰垫；2—油罐底板；
3—橡胶石棉垫；4—堵漏下法兰；
5—螺栓；6—短管；7—堵漏上法兰；
8—法兰盖板

（4）切除腐蚀穿孔部分。当罐底厚度小于4mm堵漏时，应切除腐蚀穿孔部分。其方法是用手摇钻，沿法兰内缘连续钻直径6~8mm的孔(边钻边加油)。

（5）钻法兰连接孔。按法兰盖板螺孔相应尺寸在罐底上用手摇钻钻孔。去除被腐蚀板，挖掉被油浸的沥青砂。其空间以能安设半圆垫板方便为宜。

（6）安装法兰短管。安装法兰短管(短管长以能装上螺栓为准，一般不超过100mm)，在罐底板下加半圆垫板，在法兰与罐板间加橡胶石棉垫，拧紧所有螺栓。在法兰周围筑高于螺栓的土堤，加煤油至淹没螺栓，检查连接部位密封性。如有渗漏，找出原因处理。

（7）回填堵口。用沥青砂向短管内回填捣实。在法兰盖板和法兰短管螺孔以内涂上煤油，加橡胶石棉垫，安上法兰盖拧紧所有螺栓，在连接缝处抹上粉笔检查密封性。

（8）注意事项：

① 罐底板厚度大于4mm时，可以不切除罐底腐蚀板，不加半圆垫板，直接

在罐底板上钻孔、攻丝，用双头螺栓安装法兰短管。

② 腐蚀部位如在焊缝上或罐底搭接附近时，法兰与罐底结合处不易密封，不宜采用此方法堵漏。

③ 应用法兰堵漏时，也可根据当时当地的具体情况，去掉法兰短管，直接将法兰板与罐底连接堵漏。

④ 检查密封性时，如果条件允许，用真空法检漏比较安全。

二、螺栓环氧树脂玻璃布修补法

这种修补方法适用于油罐底、罐壁和罐顶的腐蚀（长度或直径小于50mm）孔洞修补，见图3-4，其步骤如下。

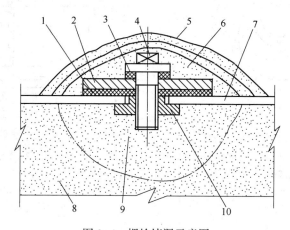

图3-4　螺栓堵漏示意图

1,3—橡胶石棉垫片；2—钢盖板；4—特制螺杆；5—玻璃布和补漏剂；
6—环氧腻子；7—罐底板；8—沥青砂；9—回填沥青砂；10—特制钯钉螺母

（1）开孔定位及零件加工。根据罐底板腐蚀损伤情况，用手摇钻，钻一个长方形孔洞，其大小恰好能将特制螺母放到油罐底板下。开孔后挖出部分沥青砂。根据孔洞形状和大小加工钢盖板（盖板比孔洞大20~30mm）、特制螺母和螺杆、橡胶石棉垫片。将罐底板孔口周围除锈至见到金属光泽。

（2）安装钢盖板。特制螺母放到油罐底板下，并用细铁丝吊起，空隙中填满沥青砂，撑起特制螺母，去掉铁丝。在孔口周围涂1~1.5mm厚的胶黏剂，如清漆、环氧树脂补漏剂等。然后将橡胶石棉垫片、钢盖板分别放在孔口上（钢盖板孔对正特制螺母口），将特制螺杆拧入特制螺母中，对正上紧螺杆。

（3）涂刷补漏剂。钢盖板装好后，清除周围的脏物，将环氧腻子在钢盖板、螺杆周围填补成弧形；涂厚度为2.5~3mm的环氧树脂补漏剂，贴一层玻璃布；

涂厚度为 2~2.5mm 的补漏剂，贴一层玻璃布，涂厚度为 2~2.5mm 的补漏剂。贴玻璃布时应平整、无皱褶、无气泡。

（4）罐壁、罐顶螺栓堵漏。罐壁、罐顶的机械性损伤孔洞，可用螺栓两边加垫板，涂胶黏剂，用螺母拧紧。然后涂抹补漏剂三道、玻璃布两层修补。这里应注意的是两边加的垫板应有弧度，以保证与油罐壁板或顶板接触良好。另外，油罐钢板厚度大于 6mm 时，可直接钻孔、攻丝，用特制螺杆固定、压紧垫板，再用补漏剂处理修补。

三、ZQ-200 型快速堵漏胶堵漏法

这种胶除用于油罐、油桶、油箱渗漏修补外，还可用于仪表、竹木、陶瓷、工艺品和其他物品的粘接。其特点是耐油性好，附着力强，固化快（常温 5min），使用温度范围大（-30~120℃），并可带油堵漏。修补程序是：表面处理→调制胶浆→涂刷胶浆。

（1）表面处理。被修补储油容器表面处理分两种情况：其一是小容器，强度要求不高的油桶等，只需清除表面油污、旧漆、铁锈、擦拭干净即可；其二是储油容器较大，强度要求较高的储油罐，应清除表面油污、旧漆、铁锈，并见到金属光泽，用丙酮等溶剂擦拭干净。

（2）调制胶浆。将甲、乙、丙三组分按体积 1∶1∶0.5 比例放入调制容器中，再加入适量复合填料搅拌均匀。

（3）涂刷胶浆。当渗漏点较大，渗漏严重时，先用少量较稠的胶浆强行堵住，用指压使其固化，后再用较稀的胶浆涂刷漏点至不渗为止。也可在胶浆层中加贴 2~3mm 棉布的方法予以加强。涂刷的胶浆在常温下 2~3min 自行固化。固化过程中应防止不必要的外力，以保证修补强度。

四、带压密封堵漏

（一）带压密封堵漏的基本原理

油库泄漏所发生的位置、泄漏缺陷的形状是多种多样的，要想成功地实现动态堵漏，可以采取相应的措施，如彻底切断泄漏通道；增加流体介质泄漏的阻力，当压力介质通过再密封部位的阻力降大于两侧的压力差时，就可达到密封的目的；堵塞或隔离泄漏通道，使之不漏，如图 3-5 所示。

带压密封堵漏技术的基本原理是密封注剂在人为外力的作用下，被强行注射到夹具与泄漏部位部分外表面所形成的密封空腔内，迅速地弥补各种复杂的泄漏缺陷，在注剂压力远远大于泄漏介质压力的条件下，泄漏被强行止住，密封注剂自身能够维持住一定的工作密封比压，并在短时间内由塑性体转变为弹性体，形

成一个坚硬的、富有弹性的新的密封结构，达到重新密封的目的。

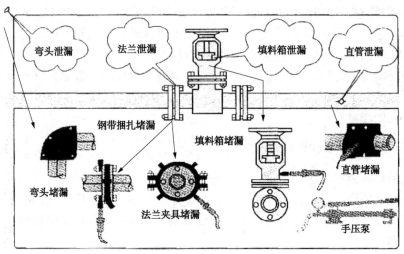

图 3-5 带压密封堵漏原理示意图

（二）带压密封堵漏技术的特点

1. 经济效益显著

油库泄漏往往导致其他重大事故的发生，为避免发生更大的恶性事故，一般需要对储输油设备进行腾空、清洗、通风等作业程序来查找渗漏点，再采取措施消除泄漏。这种检修方式一方面可能因为设备上一个微小的渗漏就需要停用储输油设备，另一方面设备的腾空、清洗、通风等作业需要较长时间，耗费大量的人力、物力和财力。而带压密封堵漏技术消除泄漏的过程可以在带油、带压、带温、不动火的情况下进行修补，避免了设备停用和大量人力、物力和财力的耗费，消除了库站威胁，所能避免的经济损失是十分可观的。

2. 安全可靠

此项技术是手工液压操作整体修理技术，全部施工过程中可以做到不产生任何火花，这一点对于储存大量易燃易爆油品的库站来说，尤为适用。因此，可以在库站内任何区域使用这项技术进行抢修作业。此外，随着带压密封堵漏技术的进步，设备可靠性提高，作业科学规范，技术日益成熟。

3. 适用性广

此项技术可以用于蒸汽、酸、碱、盐、烃类、醇、醛、酮、醚等200多种石油化工流体介质泄漏的动态密封，温度从 $-198 \sim 1000℃$，压力从真空到 35MPa。也适用于各种管道（包括直管、弯管、三通、法兰、阀门、补偿器、各种接头等）、法兰、阀门、压力容器、热交换器等多种部件的堵漏。随着密封注剂产品的逐步发展和操作技术的不断完善，任何流体压力介质泄漏的部位，都可以采用注剂式带压密封技术有效地进行堵漏作业，达到重新密封的目的。

4. 适应性强

此项技术在施工作业前，无需对泄漏部位进行处理，不破坏原有的密封结构，而且新建立起来的密封结构对原失效的密封面或泄漏缺陷具有一定的保护作用，可以使其免遭泄漏介质的继续冲刷，为以后的修复工作创造有利的条件。但此项技术在注射密封注剂时，会产生很大的推力，这个推力对于泄漏缺陷部位来说，相当于受到外压的作用，而泄漏缺陷部位的金属组织由于腐蚀的作用，机械强度下降或壁厚减薄，若不采取相应的补救措施，实际作业时可能会出现局部失稳或将密封注剂沿泄漏通道注射到工艺管道之中，严重时有可能将工艺管道堵死，引起其他堵塞事故。

5. 消除泄漏快

该项技术在现场实际作业时，从安装夹具、注射密封注剂到泄漏停止，一般所需时间比较短，如一个 DN40 的泄漏法兰，可以在 10min 内消除，即使是直径为 1000mm 以上的泄漏法兰，也能在几小时内消除。操作时间的长短主要取决于密封注剂的注射量。

6. 良好的可拆性

堵漏作业时，被注射到夹具与泄漏部位部分外表面所形成的密封空腔内的密封注剂，无论固化前还是固化后，均不与泄漏部位和夹具黏合，易于拆除，给以后的修复工作带来方便。

(三) 带压密封堵漏的作业程序

带压密封堵漏技术的作业程序如下。

1. 勘测泄漏现场，确定密封实施方案

在实施方案中，选用密封剂种类、设计加工与现场适应的夹具、编排操作顺序等，都要进行实地勘测和精心安排。同时还要了解泄漏介质的性质、系统的温度和压力；测量泄漏部位的有关形状及尺寸，制定出实施过程中应采取的安全防范措施。

2. 在泄漏部位装夹具

把预先装好注射阀的夹具套在泄漏部位，注射阀不止一个，其数量应有利于密封剂的注入和空气的排出。夹具与泄漏部位的外表面须有连接间隙，操作时应严禁激烈撞击，必须敲击时，要使用铜棍、铜锤，防止出现火花而引起火灾和爆炸。

3. 实施密封操作

当确认夹具安装合适后，即可在注射阀上连接高压注射枪的注射筒，在筒内装入选好的密封剂，连接柱塞和油压缸，再用高压胶管把高压注射枪与手压油泵连接起来，进行密封剂注入操作。

在操作时，从远离泄漏点的注射阀注入密封剂，逐步向泄漏点移动，直到泄漏完全消除。在注射过程中，要特别注意压力、温度、密封剂注入量的控制。

（四）密封注剂的选用与使用

密封注剂是用于带压密封的复合型密封材料，是接触泄漏介质的第一道防线，是抵抗泄漏介质化学及物理破坏的有效密封材料。其质量好坏直接关系带压密封效果。因此，密封注剂必须具有产品质量证明书、出厂合格证和使用说明书，并应具有省级以上质量检测部门出具的 MA 质量检测报告。在使用前必须对其质量进行检验，检验的项目和指标应符合表 3-1 的规定。当有一项指标不合格时，应取双倍样品进行复验，复验后仍不合格者，该批密封注剂不得使用。

表 3-1　密封注剂的质量指标

项　　目		指　标	项　　目	指　标
注射压力（MPa）	25℃	≤30	溶胀度（%）	−5~10
	50℃	≤28	溶重度（%）	−5~10
热失重（%）		≤25		

密封注剂分为热固化型和非热固化型两类，其直径宜为 18~25mm，长度宜为 60~100mm，且为棒状固体。

（五）注剂工具的选择与使用

带压密封工程施工作业的注剂工具包括注射枪、液压泵、液压胶管、压力表、快换接头、注剂阀、注剂接头、G 形卡具、紧带器、防爆工具等。注剂工器具必须具有产品质量证明书、出厂合格证和使用说明书，并应具有省级以上质量检测部门出具的 MA 质量检测报告。成套销售的注剂工具应进行系统强度试验和严密性试验。试验温度为常温，试验介质为液压油，强度试验压力为公称压力的 1.25 倍，保压 30min；严密性试验压力为公称压力，保压 30min。以无变形、无泄漏为合格。

使用前，应对注剂工具进行外观检查，液压开关、注剂阀、连接螺母等的启闭、转动应灵活。库站应急堵漏作业，应尽量选用手动液压泵作为动力源，液压胶管每年应进行一次强度试验，试验压力为公称压力的 1.25 倍。当试验压力低于 90MPa 时，液压胶管就产生了凸起、渗漏时，则此胶管不得使用。

（六）现场施工操作

1. 施工前的准备工作

库站设备带压密封作业前，应制定带压密封工程施工方案，办理相关手续，检查确认已勘测过的泄漏部位能够继续满足安全施工的要求，各种安全防护和消防设施备齐，安全监护人员全部到位并做好相应准备。

2. 带压密封的施工

带压密封施工方法主要包括夹具密封法(图3-6)、钢带捆扎法、金属丝捆扎法和填料函密封法等。

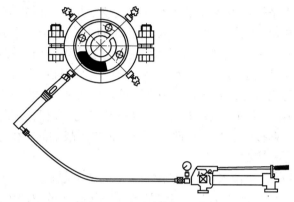

图3-6　夹具密封法示意图

当采用夹具密封法时，应符合下列要求：

(1)夹具安装前，应将完好的注剂阀安装在全部注剂孔上，并使注剂阀处于"打开"状态。

(2)将夹具安装在泄漏部位的过程中，应采用轻推嵌入，不应采用重力冲击、强力切入的方法进行密封合。

(3)应调整夹具安装位置以取得最小的连接间隙。

(4)应采用对称紧固的方法拧紧夹具的连接螺栓。

(5)通过注剂阀向夹具封闭空腔内注入密封注剂(图3-6)时，注入密封注剂操作应匀速平稳进行，各注剂孔的注剂压力应基本相等，不应在一个注剂孔长时间连续注入密封注剂；严禁将密封注剂注入到泄漏系统中去。

(6)现场施工人员操作注射枪时，应符合下列要求：必须站在注射枪、注剂阀的侧面操作；当在注剂阀上装卸注射枪时，必须关闭注剂阀；当退出注射枪推料杆加入密封注剂时，必须关闭注剂阀；继续注入密封注剂时，应对注射枪施加一定液压后，方可打开注剂阀。

3. 带压密封的施工验收

带压密封施工结束后，连续24h无泄漏为合格，并应填写带压密封施工验收记录。消除泄漏后的检测，可采用目测、肥皂液、化学液体、微量检漏仪等方法进行检测。

五、带压粘接堵漏

(一) 粘接技术的产生与发展

粘接是借助两表面间的胶黏剂的作用而将两块同类或不同类的固体牢固地结合起来的有效过程。凡是利用胶黏剂以及有效的粘接工艺，达到对被黏物进行连接的技术，统称为粘接技术或胶接技术。粘接技术是一个既古老又年轻的技术。所谓古老是指它在使用上历史悠久，大约有 5000 年的历史，但真正开始进入胶黏剂工业化时代还是 1909 年第一个合成胶黏剂的原料——酚醛树脂的发明；所谓年轻，是指它在理论上的研究只有 50 年的历史，而且许多机理还仅仅局限于某些特殊现象的理论解释，而没有一种理论可以比较全面地解释有关粘接现象。

20 世纪初美国人发明了酚醛树脂，并用于制造胶合板，不但大大降低了成本，而且也提高了粘接强度和耐水性。第二次世界大战期间，由于军事工业的需要，胶黏剂也有了相应的发展。

20 世纪 40 年代由英国人发明的酚醛-聚乙烯醇缩醛树脂混合型结构胶黏剂，用于战斗机主翼的粘接获得成功，使胶黏剂与粘接技术的信誉大增，出现了"结构胶黏剂"这一新名称，使粘接技术在结构上的应用日益广泛。

20 世纪 50 年代开始出现了环氧树脂胶黏剂，与其他胶黏剂相比，具有强度高、种类多、适应性强等特点，成为主要的结构胶黏剂。此外，用环氧树脂与其他树脂相配合，又出现了多种混合型胶黏剂，大大扩大了粘接技术的应用范围。1957 年美国伊斯曼公司发明了氰基丙烯酸酯快干胶黏剂，开创了瞬间粘接的新时期。在常温无溶剂的普通条件下，几秒到几十秒内就可产生强有力的粘接，使粘接技术在自动流水作业线上得到广泛的应用。随后美国乐泰公司生产了厌氧胶黏剂，它主要用于防止螺纹连接的松动、管件和法兰的堵漏和密封，从而使粘接技术扩展到紧固、密封、堵漏的领域。近年来，由于零件表面技术的发展和需要，粘接技术也扩展到表面粘涂的新领域。表面粘涂是将特种功能的胶黏剂(在胶黏剂中加入特种填料，如二硫化钼、金属粉末、陶瓷粉末和纤维等)直接涂敷于零件表面上，使零件表面具有耐磨、防腐、导电、绝缘、保温、防辐射等特种功能。

20 世纪 70 年代中期，西方发达国家在工业生产领域开始应用带压堵漏技术，西方称为"ON LINE SEALING LEAKS"(现场堵漏)，并被列为应急抢修的重要手段之一，甚至与"消防"并重。带压堵漏技术是对传统维修技术的补充和突破，适应了当今世界连续工业生产的需要，广泛用于石油、化工、钢铁、造纸、原子能反应堆、核电站等领域的设备、管道阀门、法兰、螺纹接头、管道接头、钢接接头以及焊缝等的带压堵漏修复。美国、英国、法国等西方大国都建立了一些以带压堵漏为主业的大公司和相当数量的小型企业，主要为国内各生产企业提供现场堵漏服务，保证生产的平稳运行。

我国从 1980 年开始引进带压堵漏技术，并开始研发带压堵漏材料与技术，但由于国外公司对该技术的严格保密，可借鉴的资料很少。因此，在 20 世纪 80~90 年代，带压堵漏技术在我国发展十分缓慢。直到 90 年代中期，由于在带温带压粘接剂和粘接工艺两方面取得突破，才使该技术得到较快的发展，并被国家质量技术监督局、压力容器委员会等有关部门正式列为一项维修（抢修）新技术。目前，已形成带压粘接堵漏用的胶黏剂系列品种，可适用于 300 余种工艺介质的要求，适用系统压力可达 30MPa 以上，适用温度范围在 -200~600℃之间。

近代的粘接技术是以高分子化学、有机化学、胶体化学、界面化学、材料力学、表面工程学等多种学科为基础发展起来的，并形成了粘接技术的自身体系。它包含粘接理论（粘接机理及其力学等）、胶黏剂的研制（胶黏剂的组成、配制等）、粘接工艺及其装备，以及胶黏剂及粘接接头的性能测试等主要部分，并发展成为一门既有广泛实践又有理论指导的新技术。

（二）胶黏剂的组成

胶黏剂是一种具有优良的黏合性能，可将两种或两种以上的固体黏合在一起的物质。主要由胶料、固化剂、填料、稀释剂、增塑剂、偶联剂及其他辅助材料七种成分组成，但并非每种胶黏剂都必须包含这七种成分。

1. 胶料

胶料是胶黏剂中使两被粘物结合在一起时起重要作用的基本成分，它们大都是高分子物质，如树脂、橡胶等。胶黏剂的性质、用途和使用工艺主要由胶料性质决定。胶黏剂的名称一般也用胶料的名称来命名。所选用的高聚物种类较多，有时采用合成树脂，有时采用合成橡胶，有时还采用两者的共聚体或机械混合物。

2. 固化剂

固化剂是直接参与化学反应，使胶黏剂发生固化的成分。按其反应类型不同也可称为交联剂、硫化剂等。胶黏剂配方中，加入一定量的固化剂能使线型高聚物交联成网状结构。例如环氧树脂中加入胺类或酸酐类固化剂，在室温或高温作用后就能固化成坚硬的胶层。

3. 填料

为了改善胶黏剂的加工性、耐久性、强度及其他性能，或降低成本，常加入非黏性的固体填料。通常使用的填料有金属氧化物粉末、玻璃、石棉等非金属的长短纤维及其织物等。采用特殊填料，还能获得特殊性能。如胶黏剂内加入银粉，能改变胶黏剂的绝缘性，使之能导电。加入硅粉，提高了导热性，并使胶黏剂固化过程大大减小等。填料对胶黏剂性能的影响大多靠实验结果与经验来确定。

4. 稀释剂

稀释剂是一种具有溶解其他物质能力的物质，其作用：一般树脂和橡胶都是固态或黏稠的液体，不易施工，稀释剂的作用就是降低胶黏剂的黏度，便于施工；能增加胶黏剂的润湿能力和分子活动能力，从而提高黏合力；提高胶黏剂的平流性，避免胶层厚薄不均。一般用于配制胶黏剂的稀释剂都是低黏度的液体，不同的胶黏剂选用的溶剂也有所不同。

5. 增塑剂

增塑剂是一种能降低高分子化合物玻璃化温度和熔融温度、改善胶层性质、增进熔融流动性的物质。如环氧树脂胶黏剂固化后性能脆硬，抗冲击性差，容易断裂。若加入增塑剂就能使它的抗冲击性获得较大的改善，而且增加了对裂缝延伸的抵抗性，疲劳性能也获得增强。增塑剂按其作用分为两种类型：一种是可以与高分子化合物反应并引入到高分子链上的增塑剂，称为内增塑剂；另一种是不与高分子化合物发生任何化学反应的增塑剂，称为外增塑剂。

6. 偶联剂

偶联剂是能同时与极性物质和非极性物质产生一定结合力和化合力的化合物。其特点是分子结构中既有极性部分，也有非极性部分，非常有助于提高被粘物的胶黏力。如在胶黏剂中加入 1%～10% 的偶联剂，可以提高粘接强度 10% 左右，并能提高耐水性、耐潮性及耐热性等，并可扩大胶黏剂的使用范围。常用的偶联剂多为带有可与环氧基相互作用的活性基团的有机硅化合物，其他还有有机羧酸、多异氰酸酯、钛酸酯等，虽结构不同，但作用的机理相近。偶联剂的使用方法分两种：一种是配入胶黏剂内，用量为树脂量的 1%～5%，依靠分子的扩散作用迁移到界面；另一种是把有机硅烷偶联剂配成 0.5%～2% 浓度的乙醇溶液，涂覆在洁净的被粘物表面，待溶剂挥发成面膜后即可涂胶黏剂，此法称为表面处理工艺。

7. 辅助材料

包括引发剂、促进剂、稳定剂、阻聚剂、络合剂、增稠剂、防老剂、乳化剂和防腐剂等。

（1）引发剂。引发剂是在一定条件下能分解产生游离基的物质。一般不饱和聚酯、厌氧、光敏等胶黏剂加入某些引发剂。常用的引发剂有过氧化二苯甲酰、过氧化环己酮、偶氮二异丁腈等。

（2）促进剂。促进剂是能降低引发剂分解温度或加速固化剂与树脂、橡胶反应速度的物质。很多胶黏剂为降低固体温度、缩短固化时间，往往添加一些促进剂。

（3）稳定剂。有助于胶黏剂储存和使用期间保持其性能稳定的成分。胶黏剂在高温环境下长时间使用，粘接强度往往下降，甚至完全破坏。为了提高胶黏剂耐热氧化性能，加入某些能与过渡金属离子形成稳定络合物的有机化合物，可以降低过渡金属离子对有机过氧化物分解的催化活性，改善其热老化性能。酚类、芳香胺、仲胺类化合物可用作胶黏剂的热稳定剂。

（4）阻聚剂。阻聚剂是可以阻止或延缓胶黏剂中含有不饱和键的树脂、单体在储存过程中自行交联的物质。常用的是对苯二酚。

（5）络合剂。某些络合能力强的络合剂，可以与被粘材料形成电荷转移配价键，从而增强胶黏剂的粘接强度。由于很多胶黏剂的主体材料如环氧树脂、丁腈橡胶等和固化剂如乙二胺等都有络合能力，所以必须选择络合能力很强的络合剂。常用的有 8-羟基喹林、邻氨基酚等。

（6）增稠剂。有些胶黏剂的黏度很低，涂胶黏剂时容易流失或渗入被粘物孔中而产生缺胶现象。需要在这些胶黏剂中加入一些能增加黏度的物质即增稠剂。增稠剂的选择主要应与胶黏剂主体材料有很好的相溶性。一般常用的有气相二氧化硅、气溶胶、丙烯酸树脂等。

（7）防老剂。防老剂是能延缓高分子化合物老化的物质。对于在高温、暴晒下使用的胶黏剂和橡胶类胶黏剂，由于容易老化变质，一般在配胶黏剂时都加入少量防老剂。

（8）乳化剂。能使两种或两种以上互不相溶（或部分互溶）的液体（如油和水）形成稳定的分散体系（乳状液）的物质，称作乳化剂。它的作用主要是能降低连续相与分散相之间的界面张力，使它们易于乳化，并且在液滴（直径 $0.1 \sim 100 \mu m$）表面上形成双电层或薄膜，从而阻止液滴之间的相互凝结，促使乳状液稳定化。乳化剂属于表面活性剂范畴，根据其亲水基团的性质可分为四类：阴离子型、阳离子型、两性型和非离子型。常用的有十二烷基硫酸钠等。

（9）防腐剂。防腐剂是防止胶黏剂腐烂的成分。主要是一些药品，能防止微生物或霉菌产生。如聚醋酸乙烯乳液胶黏剂需防止霉菌的感染变质，加少量防腐剂，其用量一般不超过胶黏剂总量的 $0.2\% \sim 0.3\%$ 即可。常用防腐剂有甲醛、苯酚、季铵盐以及汞类化合物。

（三）胶黏剂的分类

胶黏剂的种类繁多，用途广泛，形态多种多样，因此分类方法亦很多，主要有以下几种。

（1）按胶黏剂胶料的性质分类，分为天然胶黏剂、合成树脂胶黏剂和无机胶黏剂。

（2）按胶黏剂的基本用途分类，分为结构胶黏剂、非结构胶黏剂、特种用途胶黏剂、固密封胶黏剂（厌氧胶黏剂）和密封堵漏胶黏剂。密封堵漏胶黏剂主要用于管道、储罐等设备，按其应用的特点有耐水、耐油、耐热、耐寒、耐压以及耐化学腐蚀类等。

（3）按胶黏剂的物理形态分类，分为液态与固态两大类。液态有溶液型胶黏剂、乳液型胶黏剂和糊状型胶黏剂等；固态有粉末型胶黏剂、胶棒型胶黏剂、胶膜型胶黏剂和胶带型胶黏剂等。

（4）按胶黏剂固化（硬化）方法分类，分为低温固化胶黏剂、常温固化胶黏剂、高温固化胶黏剂、厌氧固化胶黏剂、辐射（光、电子速、放射线）固化胶黏剂、混凝或凝聚胶黏剂等。

（5）按粘接的被粘物分类，分为木材用胶黏剂、金属及其合金用胶黏剂、难粘金属用胶黏剂（金、银、铜等）、玻璃用胶黏剂、塑料用胶黏剂、橡胶用胶黏剂等。

（四）胶黏剂的选择

目前，胶黏剂的品种繁杂，牌号多，不同的胶黏剂有不同的性能特点、适用范围和使用方法。在具体选择时，应充分考虑胶黏剂的耐油性能、耐温性能、固化性能等技术指标。

1. 金属 RG 应急堵漏剂

金属 RG 是以高分子聚合物、磷化合金钢粉末为基材，并配以固化剂的快速固化复合材料，固化后的金属 RG 具有优良机械性能，硬度极高，特别适用于现场应急堵漏，修复快速，广泛用于钢铁及有色金属容器、管线渗漏的快速修复。该材料常温快速固化只需几分钟，使用简便，一经拌和便可以对渗漏部位实施快速冷焊。该材料为 100% 固体，固化过程中不收缩，固化后可以进行加工。其主要技术参数见表 3-2 和表 3-3。

表 3-2　操作及固化时间

温度（℃）	10	20	30
操作时间（min）	8	5	3
初步固化时间（min）	10	6	3
可机加工时间（min）	45	30	20

表 3-3　物 理 性 能

抗压强度 ASTM D695（kgf/cm²）	663	抗腐蚀 ASTM B117	500h 不腐蚀
抗弯强度 ASTM D790（kgf/cm²）	593	密度（kg/dm³）	2.05
抗剪强度 ASTM D1002（kgf/cm²）	197	最高使用温度（℃）	235
粘接强度 ASTM D1002（kgf/cm²）	197	固体含量	100%
		洛氏硬度 R ASTM D785	100B 型

注：1kgf/cm² = 98066.5Pa；1kg/dm³ = 1000kg/m³。

2. 金属 SG 应急修补胶棒

金属胶棒 SG 为双组分棒状应急修补复合材料，由高分子聚合物和金属粉末组成。使用时根据需要量切下，手捻拌和均匀后，即可进行堵漏和机械冷焊。使用极为方便，快速固化仅需几分钟，硬度极高，机械性能好。金属胶棒 SG 分为 A 型和 B 型。A 型为标准型，B 型除具有 A 型全部特点外，水下修补性能更佳。其主要技术参数见表 3-4 和表 3-5。

表 3-4　操作及固化时间

温度（℃）	10	20	30
操作时间（min）	10	6	4
初步固化时间（min）	15	10	6
可机加工时间（min）	45	30	20

表 3-5　物理性能

抗压强度 ASTM D695（kgf/cm²）	452	抗腐蚀 ASTM B117	66cc/棒
抗弯强度 ASTM D790（kgf/cm²）	229	体密度（kg/dm³）	2.05
抗剪强度 ASTM D1002（kgf/cm²）	56	最高使用温度（℃）	235
粘接强度 ASTM D1002（kgf/cm²）	56	肖氏硬度（D）	85
		洛氏硬度 R ASTMD785	100B 型

3. 万能补

万能补是一种以水活化渗透树脂的一次性使用玻璃纤维布，由美国 Nep-tune Research Incorporated 发明，现已成为缩短停机时间的重要工具。无论是较小的裂缝或主要的破缝，均可使用万能补在 30min 内修好。万能补可用于修补各种管材，包括钢、铜、铁、铝、聚氯乙烯、橡胶、玻璃纤维和塑料等。万能补无臭、无毒、不易燃烧，在需要时，可作打模或喷漆。固化后，气体（煤气或氧气）、汽油或柴油都不会影响修补材料。万能补是一个创新而效果神奇的修补和保养系统。该产品无需混和，无需度量尺寸或分量，无需等候而立见功效，亦无需清洗，玻璃纤维布在包装前已经渗透树脂，只要从包装袋直接取出即可使用。一般固化时间为 30min，但可能因温度的变化而异，咸水或淡水均可作为活化剂。

4. 工业瞬间堵漏胶

工业瞬间堵漏胶以丙烯酸环氧有机硅化合物为基本成分，并加有引发剂、促进剂、稳定剂、增稠剂等助剂，由胶液（A）、固化剂（B）及专用堵漏棉（带）组成。常温瞬间固化，粘接强度高，耐候、耐久性好。固化后，具有较高的粘接强度、耐油、耐水、耐燃气，适用于对工业部门的各种管道、阀门、储罐、容器泄漏实施快速堵漏和修复。其主要性能见表3-6。

表3-6　工业瞬间堵漏胶物理机械性能

测试项目	指标		
	45#钢自粘	硬铝自粘	不锈钢自粘
拉伸强度(MPa)	28	14	
剪切强度(MPa)	20	18	20
布氏硬度(MPa)	200		
冲击强度(kJ/m²)	21		
收缩率(%)	2~3		
线膨胀系数(1/℃)	$1×10^{-5}$		
使用温度范围(℃)	−20~120		

（五）粘接机理

粘接过程是一个复杂的物理化学过程。粘接强度不仅取决于胶黏剂的表面结构和形貌，而且与粘接工艺有着密切的关系。胶黏剂与被粘材料表面通过界面相互吸引和连接作用的力称为粘接力。粘接力的产生是多方面的；主要有化学键（又称主价键力）、分子间作用力（又称次价键力）、界面静电引力和机械作用力等。

几十年来，国内外研究者对粘接机理进行了大量研究，提出了浸润理论、吸附理论、机械结合理论、扩散理论、静电理论、化学键理论等，但由于粘接现象是涉及表面物理、表面化学、高分子化学、无机化学、机械学和电学等多学科的复杂现象，用上述任何一种理论尚难以圆满解释粘接问题，只能说明部分现象和问题。

1. 浸润理论

为了获得良好的粘接强度，粘接过程中，胶黏剂必须是容易流动的液体，才有利于界面分子的接触，胶黏剂和被粘材料之间处于湿润状态，胶黏剂能够自动在被粘材料表面展开，界面分子充分靠近，湿润程度好，会增大实际粘接面积，提高粘接强度。完全浸润是获得高粘接强度的必要条件，浸润不完全，会使实际粘接面积减小，而且粘接界面会产生空隙，并在空隙周围产生应力集中，显著降低粘接强度。

2. 吸附理论

粘接力的主要来源是分子间作用力。胶黏剂与被粘材料表面的粘接力与吸附力具有某种相同的性质，胶黏剂分子在被粘材料表面扩散，使两者的极性基团或分子链段相互靠近，当达到一定距离后会产生吸附力。

3. 扩散理论

在粘接高分子材料时，由于分子链段热运动，胶黏剂分子链段与被粘材料的分子链段相互扩散，使黏附界面消失，形成过渡区，产生良好的粘接强度。胶黏剂和被粘材料之间的相溶性和溶解度参数决定了扩散效果。但相溶性只能说明高分子材料粘接过程中是否扩散，至于扩散程度还取决于溶解度参数。实际粘接过程中，往往借助有效的溶剂、加热和加压等方法促进粘接界面的扩散，达到有效粘接的目的。

4. 静电理论

当金属与非金属材料密切接触时，由于金属对电子的亲合力低，容易失去电子，而非金属对电子的亲合力高，容易得到电子，所以电子可以从金属移向非金属，在界面产生接触电势，形成双电层产生静电引力，一切具有电子供给体和接受体的物质都可以产生界面静电引力作用。双电层是含有两种符号相反的空间电荷，这种空间电荷间形成的电场产生对粘接有贡献的吸附作用。

5. 化学键理论

所有已知的光谱研究结果均表明化学键理论是以胶黏剂分子和黏合表面的电子、质子相互作用为基础的。这些相互作用都是特定的，它们可以通过黏合表面化学键的分子轨道的量子力学理论描述，由于化学链要比分子间作用力高出许多倍，因此它是最理想的粘接方式。但目前已知体系对于黏合面都具有高度选择性，而这些位置的细节情况目前仍是未知的。因此，胶黏剂和粘接界面的化学链不能自动确保粘接界面具有较高的粘接强度。

6. 机械结合理论

液态胶黏剂充满被胶接物表面的缝隙或凹陷处，固化后的界面区产生啮合或铆接效果。该理论认为胶接作用归因于机械黏附作用，并可以解释多孔材料的粘接问题，但这一理论无法解释非多孔材料的粘接问题。

（六）粘接工艺

粘接工艺是在合理选择胶黏剂、明确粘接目的基础上，保证粘接效果所采取的措施。粘接工艺合理与否是粘接工作成败的关键。粘接工艺过程主要包括表面处理、涂胶、固化和检验。

1. 表面处理

对于油库储输油设备表面的锈垢、氧化物等，可以用砂纸、铜丝刷等手工机械方法打磨、清理表面。如果需清除表面的油污，可以用丙酮、汽油、甲苯等溶剂擦洗脱脂。

粘接强度不仅与被粘构件表面粗糙度有关，而且与粗化方法不同所产生的不同表面几何形态有关。对金属被粘构件，用纱布、铜刷处理，适当地提高粗糙度，能够提高粘接强度。但粗糙度不能超过一定的限度，表面太粗糙反而会降低粘接强度。

2. 涂胶

在选择了适用于被粘物体材料性质、温度、压力等环境条件的胶黏剂，并完成被粘物表面处理工序后，需要进行涂胶作业。粘涂层的形成过程，即是胶黏剂中的粘料与固化剂的固化反应过程。涂胶操作正确与否对粘接质量有很大的影响。

（1）配胶：

① 对单组分胶黏剂，虽然一般可以直接使用，但是一些相容性差、填料多、存放时间长的胶黏剂会沉淀或分层，在使用前必须要混合均匀。若是溶剂型胶黏剂，因为溶剂挥发而黏度增大，所以还需要加配适量的溶剂稀释。

② 对双组分或多组分胶黏剂，必须在使用前按规定的比例称取。因为固化剂用量不够，则胶层固化不完全；固化剂用量过大，又会使胶层综合性能降低。一般称取组分的误差以不超过 2%～5% 为宜。配胶量应根据季节、环境温度、施工条件和用量，做到随用随配。另外注意，应当使固化剂搅拌均匀，避免出现固化不全或发泡、发黏现象。

（2）控制好胶的黏度。涂胶施工的难易与胶的黏度关系很大。黏度大则因不利于浸润而使涂布困难。可采取稀释或将被粘物表面加热的办法改善浸润效果。

（3）防止胶层气泡。被粘物表面容易吸附空气，在涂胶时应防止包裹空气而使胶层中形成气泡或气孔。涂胶应朝一个方向移动，且速度不能太快，以利空气排出。

（4）涂胶量。胶层在满足黏合需要的前题下以薄为好。涂胶量的大小与被粘物的材质、结构和胶黏剂的品种有关。对于粘接堵漏，在胶层完全浸润被粘物表面的情况下越薄越好。胶层薄，可以减少变形、收缩和内应力，减少涂层的缺陷。一般胶层厚度控制在 0.08～0.15mm 为宜。

（5）晾置。晾置的目的是使溶剂型胶黏剂中的溶剂有挥发的时间，可以避免产生气泡，促进固化。对于无溶剂的环氧胶黏剂，一般无需晾置，涂胶后即可叠合。

（6）黏合。黏合是将涂胶后经晾置的被粘物表面叠合在一起或用缠布加压的过程。黏合应尽量排出空气，并以挤出少量胶为好，以保证不缺胶、无气孔、无气泡。

3. 固化

固化又称硬化，对橡胶型胶黏剂又叫硫化，是将具有不同黏稠度的液态胶黏剂，通过溶剂挥发、凝聚的物理作用或交联、接枝、缩聚、加聚的化学作用使其变为固体，并有一定的强度变化过程，只有固化才会有强度。固化可分为初固化、基本固化、后固化。虽然在一定的温度条件下，经过一定时间，可以达到一定强度，使表面硬化、不发黏，但是此时固化并没有完成，只是初固化。只有再经过一段时间反应，才能达到一定的交联程度，称为基本固化。后固化是为了改善粘接性能或因工艺过程的需要，对于已经基本固化的粘接进行的处理。对于粘接性能要求高的粘接，均需进行后固化处理。

4. 检验

粘接之后，应当对粘接质量进行检验。油库设备应急抢修时可用目测法、敲击法和试压法进行检验。

（1）目测法。就是用肉眼或放大镜观察胶层周围有无翘曲、鼓起、剥离、脱胶、裂缝、孔洞、疏松、缺胶、错位、炭化、接缝不良等。若挤出的胶是均匀的，说明不可能缺胶；没有溢胶，则有可能缺胶。

（2）敲击法。用圆木棒或小锤轻击粘接部位，检测大面积粘接缺陷，发出清脆的声音表明粘接良好；声音变得沉闷沙哑，表明里面很可能有大气孔或夹空、离层和脱胶等缺陷。

（3）试压法。在条件允许的情况下，可用水压法或油压法检测有无渗漏现象。一般是输入一定压力的水或油后，保持 3~5min 应没有渗漏和明显的压力下降。

六、带压机械堵漏

采用机械方法构成新的密封层，利用机械力的作用达到堵住泄漏的方法称为带压机械堵漏法。此法广泛应用于油罐、输油管、过滤器等设备的泄漏部位的内外堵漏。一般凡机械连接的方法都可以转化成堵漏方法。如冷冲、铆接、焊接、螺接等。机械堵漏法虽然有一定的密封作用，但有些方法由于堵漏效果差、使用时间短、工艺繁杂，使用受限制。带压机械堵漏的方法有以下 12 种。

（一）橡胶带捆扎堵漏

橡胶捆扎带一般由合成纤维编织带做骨架的复合橡胶制成，与钢带相比，弹性更好，堵漏效果好。它适用于中、低压(<2.4MPa)、管壁大面积腐蚀减薄的情况，使用温度<150℃。快速堵漏捆扎带最大的特点是在喷射状态下不需借助任何工具设备，手工即可快速消除泄漏，有很大的推广价值。

操作步骤：先将泄漏点周围污垢稍作清理，然后将捆扎带从泄漏点两端开始用力缠绕拉紧，待两边形成"堤坝"后，再向漏点处沿移，缠绕时越紧越好，在捆扎带的弹性收缩力和挤压力的作用下，达到止漏的目的。

（二）塞楔堵漏

将韧性大的金属（铅、铝）、木头、塑料等材料制成圆锥体楔或扁形楔嵌入泄漏的孔洞或缝隙里，从而消除泄漏的方法称为塞楔堵漏法。此法适用于油罐和中低压管道的泄漏处理。

（三）螺塞堵漏

在油罐、油管或其他设备泄漏的孔洞里钻孔攻丝，然后上紧螺塞和密封垫消除泄漏的方法叫螺塞堵漏法。此法适用于油罐和油管等设备的壁厚较大且孔洞较大部位。

（四）堵漏伞堵漏

堵漏伞可用于油罐、管道等设备泄漏的应急抢修。当油罐发生破裂时，将这种伞收拢后插入缝隙内，用力将伞撑开，内部介质压力就会将伞面紧贴在内壁上，从而阻止泄漏。压力越高，堵漏越紧。如果伞面还不能密封孔隙，就从伞的空心手柄里灌入聚氨酯胶，可密封小的缝隙。此外也有许多类似堵漏伞的堵漏器：前端为圆面，可用塑料制作，也可以用铁皮制作；在伞的中央有一个活结，可串手柄，手柄可折叠。使用时，可将手柄折叠，插入泄漏缝隙，然后拉动手柄，伞会贴在泄漏缝的两边，然后再在外面加橡胶板、密封胶、压板，拧紧螺丝帽即可。

（五）气包堵漏

气包堵漏工具由充气气囊、充气管、连接压紧螺栓等几部分组成（图3-7）。该气包可迅速插入断裂的管道或破裂的容器，然后拧紧压紧螺栓，向气包内充气，随着气体膨胀，在管道、容器内的压力作用下，将裂缝或孔堵住。此法一般用在压力不高的情况下。

（六）充气式堵漏枪堵漏

充气式堵漏枪是一种单人使用的堵漏工具，如图3-8所示。当管道、气/液体储罐出现破洞时，操作人员通过可延伸的堵漏枪操作杆将堵漏袋插入洞孔内，再向堵漏袋内充气，封堵泄漏。

楔形堵漏枪有 VT-6、VT-8、VT-11 三种规格，圆锥形堵漏枪有 VT-7 一种规格，工作压力均为 0.15MPa，各种堵漏枪的堵漏尺寸见表3-7。

表3-7　堵漏枪的堵漏尺寸

型号	堵漏尺寸（cm×cm）	型号	堵漏尺寸（cm×cm）
VT-6 楔形	(1.5~4.5)×(6~8)	VT-11 楔形	(3~6)×(11~17)
VT-8 楔形	(1.5~4.5)×(6~8)	VT-7 圆锥形	φ3~9

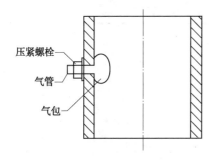

压紧螺栓

气管

气包

图 3-7　气包堵漏示意图

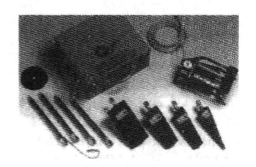

图 3-8　充气式堵漏枪

（七）金属堵漏锥堵漏

金属堵漏锥是一种新型堵漏工具，主要由锥形开口套管、长柄螺旋杆、堵漏胶板、紧固挡板、紧固胶座、螺旋紧固手柄等组成（图 3-9）。

金属堵漏锥可对薄壁的储油罐及输油管道实施带压封堵。其使用方法是先用锥形开口套管探入泄漏口内并将其打开后，使之固定于泄漏口的内壁，转动螺旋手柄，向堵漏胶板及紧固挡板施压，使堵漏胶板与泄漏口的外壁紧密结合，达到堵漏的目的（3-10）。

图 3-9　金属堵漏锥

图 3-10　外封式堵漏袋操作示意图

（八）外封式堵漏袋堵漏

油罐外封式堵漏袋主要用于油罐等容器外壁小面积损坏时的应急封堵，主要由封堵袋、绑紧带、气孔、气源（脚踏充气泵）等组成，如图 3-9 所示。外封式堵漏袋有 LD50/30 和 LDK20/20 两种规格，以满足不同封堵面积的需要，见表 3-8。

表 3-8　捆绑式堵漏袋的主要技术参数

型　　号	LD50/30	LDK20/20
尺寸(cm×cm)	61.5×30	20×20
封堵面积(cm^2)	50×30	19.5×19.5
背压(MPa)	0.14	0.14
质量(kg)	4.2	6.9
附件	脚踏充气泵、气管、绑紧带	

　　封堵袋(图 3-11)由耐油橡胶制成,伸缩性好,密封防渗透性强;绑带由高强度粗纤维制成,绑扎可靠;工作压力为 0.15MPa,气源使用带 0.15MPa 安全阀门的脚踏充气泵,也可使用 20MPa 或 30MPa 压缩空气(空气呼吸器气瓶也可)。

　　使用时,先围绕泄漏油罐将两根绑带套在适当位置,并在泄漏位置旁边的相同高度将封堵袋拉上;初步收紧绑带后,将封堵袋连同绑带一起移向泄漏点并将其覆盖,同时迅速收紧绑带并向封堵袋中充气;依靠张力及气压可有效堵住泄漏。整个操作视油罐直径大小可由 3~4 人完成。

图 3-11　油罐外封式堵漏袋套件

　　外封式堵漏袋堵漏具有操作简单、人工充气、密封防渗透性强、封堵可靠等特点,适用于油罐等容器小面积损坏的应急封堵。

第三节　输油管路应急抢修

一、管路机械堵漏

　　管路机械堵漏就是利用器具对渗漏、泄漏部位进行"捻、塞、压、封"的方法止漏。机械堵漏的方法较多,本节介绍几种常用方法。

　　(一)手工捻缝堵漏

　　所谓捻缝堵漏是应用管材的塑变性,利用手锤锤打冲子,使冲子头部传递给管路堵漏孔周围的金属材料冲击力,使其发生塑性变形位移挤向孔洞中心部位,封堵泄漏孔洞达到止漏的一种堵漏方法。

1. 捻缝堵漏的应用条件

（1）管路内无甲、乙类油品。

（2）泄漏点所处位置不是 2 级以上易燃易爆危险场所，且油气不易积聚。

（3）泄漏孔直径或裂纹长度不大于 1.0mm。

（4）管材不属于铸铁、合金钢焊缝等脆性材料，不属于具有塑性碳素钢或合金钢等材料。

（5）管壁厚度不小于 4.0mm。

2. 捻缝堵漏的工具

捻缝堵漏的工具有手锤和冲子。手锤重量一般不超过 1kg，柄长为 300mm，冲子由工具钢制作，长度 200mm 以上，主体为圆柱体，头部为圆锥形，顶端是半径为 2～3mm 的球面，如图 3-12 所示。冲子的顶面应光滑，不能有毛刺，更不能呈楔形，否则，使用它敲击管路小孔周围时，对管材起不了挤推作用。

图 3-12　冲子

3. 捻缝方法

（1）对于不大于 0.5mm 孔径的捻缝方法。用手锤敲打冲子，产生的冲击力挤压管路泄漏小孔四周的金属，使其发生塑性变形，挤向小孔部位，以堵死小孔，达到止漏目的。操作时一手拿锤，一手持冲子，首先锤打小孔周围金属，挤压变形将小孔堵塞，然后再在小孔中心位置锤打几下。锤打时用力不宜过大、过猛、过快，以免挤裂胀破，锤打次数适于 5～10 次，不能过多反复敲打，以免疲劳破坏。

（2）对于大于 0.5mm 且小于 1.0mm 孔径的捻缝方法。先按粘接堵漏方法的要求，对泄漏小孔的内外进行清洗和适当的表面处理，然后，将粘接用的快干胶或较稠的胶液用注射器针头注入泄漏孔内，一边挤胶，一边锤打泄漏孔周围，直至堵住泄漏为止。最后，再捻打几下泄漏孔的中间位置，涂上一层胶，待固化即可。整个过程操作要快，动作要敏捷。

（3）若管路泄漏处压力较大时，可用向孔中注胶，插入细针头，通过捻打，将针头挤压在固定孔中，待固化后，打断针头。

上述捻缝方法中，在孔洞中也可不加注快干胶，而用比管路材质软的金属丝或密封条嵌入孔中，然后按捻缝方法操作，最后用手锤的圆弧头轻轻敲铆塞子，使塞子头部呈圆弧状，更加紧密地与管路贴合。

（二）手工填塞堵漏

对于腐蚀穿孔、砂眼、子弹孔等直径较大的泄漏孔洞，往往采用填塞密封材料，使其与泄漏孔洞紧密贴合而止漏，这种方法称之为填塞堵漏。

1. 塞子堵漏

塞子的材质应比管材软，通常使用的有铅、铝、铜、塑料、橡胶、木材、低碳钢奥氏体不锈钢等，材料选用应根据工况条件确定。塞子按形状分类通常有圆锥塞、圆柱塞和楔形塞等，根据泄漏孔的大小和形状选用，如图3-13所示。

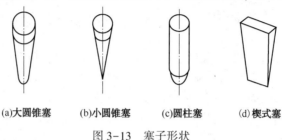

(a)大圆锥塞　　(b)小圆锥塞　　(c)圆柱塞　　(d)楔式塞

图3-13　塞子形状

操作时应先清理泄漏孔洞，用手锤有节奏地将塞子敲入孔洞，若敲击前在塞子和泄漏孔涂上一层石墨粉或胶液，其效果会更好。

2. 堵头堵漏

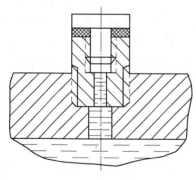

图3-14　堵头堵漏

在管壁厚度较大时，在泄漏点钻孔攻丝，然后将预先制成的堵头螺纹上包裹数层聚四氟乙烯带，或涂上一层密封胶，拧紧在泄漏处的螺纹中，再将堵头盖套上密封圈，上紧在堵头上即可，如图3-14所示。

也可在泄漏处攻螺纹，安装一只小阀门，然后关闭阀门堵漏。

（三）机械顶压堵漏

机械顶压堵漏是将固体密封件覆盖在泄漏处，利用各种结构形式的器具对其施加一定压力，使之与管路紧密贴合，从而达到止漏的目的。

1. 常用的密封件形式

（1）密封圈。在压板上加工成圆形凹槽，其中嵌入O形圈、填料，适于缺陷较大，本体表面较平坦、较光洁的部位。

（2）实心垫。在压板下垫一块橡胶、柔性石墨、聚四氟乙烯等材料的垫片，靠顶杆顶死达到密封。

（3）铆钉。靠铝质铆钉顶压在缺陷处堵漏；用铅填充缝隙，然后用铝铆钉顶住止漏，还有一种形式是结合上述两种形式，而且用胶黏剂黏接铆钉周围，待固化后解除顶压，剪去铆钉尾部。

（4）弧面板。将泄漏处清洗干净，涂上一层胶，用与管路相似的弧面板顶压紧、固化。这种方法适于低压泄漏。如果表面不平，可采用几层涂胶的布压在弧面板下，弥补表面的不平。

2. 常用顶压式堵漏器具

（1）U 形卡式堵漏器具。U 形卡式器具用扁钢弯成所需的半圆弧，两端对称地焊上螺杆，上面安装一根横梁，在横梁中央位置钻孔攻丝与顶压螺杆啮合，扳手从顶杆上端拧紧顶压螺杆。其结构如图 3-15、图 3-16 所示。图 3-16 是由图 3-15 所示 U 形卡式器具派生出来的，它以钢丝绳代替扁钢，使其适应性更强。实施密封作业时，首先将 U 形卡套到管路上，在泄漏部位垫上密封垫（材料），调整好各部分位置，然后移至泄漏点，使顶压螺杆的轴线对准泄漏缺陷，迅速旋转顶压螺杆，使其前端牢牢地压在密封件上，迫使泄漏停止。

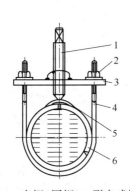 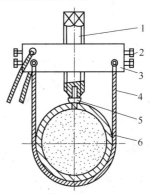

图 3-15　扁钢（圆钢）U 形卡式堵漏器　　图 3-16　钢丝绳 U 形卡式堵漏器
1—螺杆；2—螺母；3—横梁；　　　　　1—螺杆；2—固定螺钉；3—横梁；
4—圆钢或扁钢；5—弧面板；6—管子　　4—钢丝绳；5—铆钉；6—管子

（2）三通卡式堵漏器具。三通卡式堵漏器具是用扁钢弯成两个半圆形的箍，在两个半圆对中处分别焊上悬臂，悬臂上加工螺孔，与顶杆相啮合，挤压时靠两个螺栓固定于管路上。图 3-17 是三通卡式堵漏器具的结构示意图，图 3-18 是三通卡式堵漏器具在管路上的安装示意图。堵漏时应根据泄漏量的大小选择合适的顶压螺杆，把两半圆形扁钢卡箍用螺栓连接固定在管路的适当位置，使顶压螺杆正好通过泄漏点的中心，将连接螺栓拧紧，如图 3-18 所示。对于间断性泄漏或连续滴状泄漏，可以在泄漏部位垫软性耐油填料进行带压密封作业；对于喷射状泄漏，应先在泄漏处嵌入软金属，然后垫软填料进行密封作业。

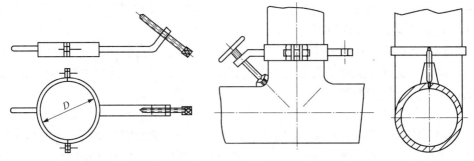

图 3-17　三通卡式漏器具结构示意图　　图 3-18　三通卡式堵漏器具在管路上安装示意图

（3）卡箍式堵漏器具。管路堵漏较为普遍的器具是卡箍，主要用于金属、塑料、橡胶、水泥等管路上，适于孔洞、裂缝等泄漏的封堵，并有加强作用。图3-19是常见的几种卡箍。卡箍堵漏的密封形式主要有橡胶、聚四氟乙烯、柔性石墨垫、O形圈和填料，还有密封胶和多层涂胶布垫等密封件。

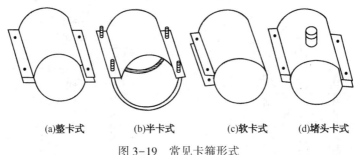

(a)整卡式　　　　(b)半卡式　　　　(c)软卡式　　　(d)堵头卡式

图 3-19　常见卡箍形式

① 图 3-19(a)是整圆形卡箍，也叫整卡式卡箍，它的内径由微大于管路外径的两块半圆卡箍组成，根据泄漏部位的大小、长短而确定卡箍的长短，紧固螺栓设置个数由卡箍的长短决定。一般为两对，对称拧紧。卡箍的材料一般采用碳素钢板，对腐蚀性介质采用不锈钢板制作。整卡式适用于横向和纵向的较大裂缝。

② 图 3-19(b)为半圆形卡箍，也叫半卡式卡箍，它的内径由微大于管路外径的一块半圆卡箍、两根抱箍组成，主要适用于单个孔洞或裂缝，结构比整卡式简单。

③ 图 3-19(c)为软圆形卡箍，也叫软卡式卡箍，它的形状像 C，用较薄的低碳钢板制成，只有一个开口，靠开口处上紧螺栓而产生变形，达到箍紧管路的作用。它适用于低压管路堵漏。

④ 图 3-19(d) 为堵头式卡箍，它的形状与上述三种形式基本相同，不同之处是它多了一只堵头或一只小阀门，它适于较高压力管路的堵漏。

⑤ 瑞士 STRAUB 公司生产的斯特劳勃管路维修接头，也是一种卡箍的形式，如图 3-20 所示。修理时直接将其包箍在管路泄漏处，紧固内六角螺栓即可达到良好的堵漏效果。斯特劳勃管路维修接头体积小，重量轻，操作简便，承压能力高，可反复使用，也可作长期使用。其主要技术参数见表 3-9。

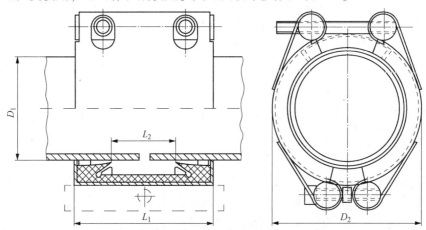

图 3-20　斯特劳勃管路维修接头示意图

D_1—管子外径；L_1—接头宽度；L_2—密封凸缘间的距离(等于损坏宽度)；D_2—接头安装外径

表 3-9　斯特劳勃管路维修接头技术参数

管外径(mm)		76.1	108.0	114.3	159.0		168.3	
适用范围(mm)		74~77	107~111	112~117	157~162		166~171	
公称压力 （bar）	型式	IL 型	IL 型	IL 型	IL 型	ILS 型	IL 型	ILS 型
	压力	16	16	16	12	16	11	16
结构尺寸 （mm）	L_1	94	94	94	107		107	
	L_2	45	45	45	56		56	
	D_2	96	128	134	179		188	

(4) 压盖堵漏器具。压盖堵漏器具适用于口径较大的管路堵漏，也常用于油罐壁的泄漏处理。其结构是用一只 T 形活络螺栓将压盖、密封垫(或密封胶)夹紧在泄漏处的管路壁上，如图 3-21 所示。

① 图 3-21(a) 是内压盖式堵漏器具，适用于长孔或椭圆孔的堵漏。其方法是先检查泄漏部位，考察能否使用内压盖，若可行，进一步确定 T 形活络螺栓、压盖、密封垫的尺寸。压盖和密封垫能放入管内，并能有效地覆盖泄漏处，四周

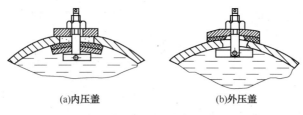

(a)内压盖   (b)外压盖

图 3-21   压盖堵漏

含边量以单边计算不应低于 10mm。安装时，如果压盖、密封垫套在 T 形活络螺栓上难以装进管内，可在螺栓上端钻一个小孔并穿上铁丝，以不影响穿螺母为准。先穿压盖，后穿密封垫或多层浸胶布于螺栓上，并置于管内，然后轻轻地收紧铁丝，摆好压盖和密封件的位置(最好事先做上记号)，在管外套上一块压盖，填充密封物，拧上螺母，堵住泄漏处，卸下铁丝。如果效果不显著，可进一步用胶黏剂粘堵。

② 图 3-21(b)是外压盖式堵漏器具，其方法比内压盖简单，但堵漏效果不如内压盖。堵漏的方法是先把 T 形活络螺栓放入管内并卡在内壁上，然后在 T 形活络螺栓上套密封垫或涂上密封胶，密封垫紧贴在螺栓上，再盖上压盖，拧上螺母至不漏为止。为了防止 T 形活络螺栓掉入管内，螺栓上端应钻个小孔，以便穿铁丝作为保险用。

(5)捆扎器堵漏器具。利用捆扎器具是将密封垫片或密封胶用钢带紧紧地捆在管路的泄漏部位上，从而止漏。此法简单易行，适用于壁薄、腐蚀严重，不能动火的管路堵漏。扎带堵漏工具，也可作为先堵后加强之用，还可用于静密封处的堵漏。图 3-22 是用一种捆扎堵漏工具进行堵漏的情况。这种工具简单、携带方便，它主要由切断钢带的切口机构、夹紧钢带的夹持机构、捆扎紧钢带的扎紧机构组成。当管路(或设备)出现泄漏时，将选好的钢带包在管路(或设备)上，钢带两端从不同方向穿在紧圈中，内面一端钢带应事先在钳台上弯折成 L 形，紧圈上的紧固螺钉在钢带外面，以不滑脱、不妨碍捆扎为准，外面一端钢带穿在孔内，先将钢带放置在刃口槽中，然后把钢带放置在夹持槽中，扳动夹持手柄夹紧钢带。用手或工具自然压紧钢带的另一端，转动扎紧手柄，使夹持机构随螺杆上升，从而拉紧钢带。当钢带拉紧到一定程度，把预先准备好的密封垫片或密封胶放置在钢带内侧，正对泄漏处，再迅速转动扎紧手柄堵住泄漏处。待泄漏停止后，将紧圈上的紧固螺钉拧紧，扳动切口手柄，使带刃口的轴芯转动，切断钢带，把切口一端(外面一端)从紧固处弯折，以免钢带滑脱，堵漏结束。钢带有各种规格，材质一般分碳钢和不锈钢；垫片一般用柔性石墨板、聚四氟乙烯板、橡胶板或橡胶石棉板。

（6）万向顶堵漏器具。万向顶堵漏器具由立柱、钢丝绳、多头顶杆组成，见图3-23。钢丝绳长短可随管路直径（或设备围长）的大小调节，立柱和顶杆可以在纵横各方向任意调换位置。因此，万向顶器具灵活多用，适于各种管路和设备上任何部位的堵漏。在管路堵漏的实践中，有时采用一个顶杆力量不足，或者由于裂缝过长，为确保堵漏效果，往往同时采用两只或多只顶杆一起顶住堵漏处。

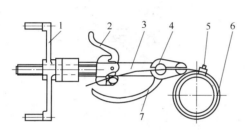

图3-22　捆扎堵漏器具

1—扎紧手柄；2—夹持手柄；3—钢带；4—切口；
5—钢带紧圈；6—垫片；7—切口手柄

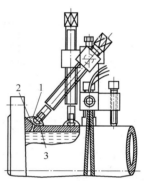

图3-23　万向顶堵漏示意图

1—胶黏剂；2—铅；3—铝铆钉

（四）更换部分管段

当管路泄漏处的变形较大，如向内凹陷，较长断裂、管段腐蚀严重，即使堵漏成功，其强度也难以符合要求。这时可将泄漏管段切割去除，更换同直径、同规格、同长度的新管段。新管段与原管路连接时，不采用焊接工艺，也不采用粘接工艺，而采用机械方式加以连接。这种方法不须动火焊接，安全性好，且操作时间短，快速简便。著名的斯特劳勃接头（亦称管路连接器）是常用的连接器具。

1. 斯特劳勃接头的结构

斯特劳勃接头有的适用于金属管接头、复合管接头、复合管与金属管接头，有的适用于连接输送煤气、油品及其他碳氢化合物的接头，有的适用于连接输送各种水质、废水、空气、固体、化学物质和接头，有的适用于管子安装连接接头和管路维修连接接头。其结构形式可归纳为两类：一类是普通直接头，其结构见图3-24；一类是L形接头，其结构如图3-25所示。另外，因细部结构、密封材料、承受压力不同又分为多种规格。

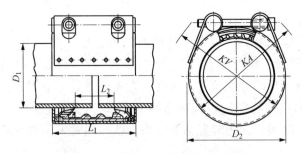

图 3-24 斯特劳勃普通直接头示意图

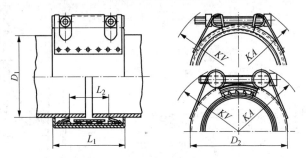

图 3-25 斯特劳勃 L 形接头示意图

2. L 形接头技术数据

L 形接头技术数据见表 3-10。

表 3-10 斯特劳勃 L 形接头技术数据

管外径(mm)		76.1	108.0	114.3	159.0	219.1
适用范围(mm)		35.3~76.9	106.9~109.1	113.2~115.4	157.4~160.6	216.9~221.3
公称压力(bar)		10				
结构尺寸 (mm)	L_1	95	95	95	109	141
	L_2	41	41	41	54	80
	D_2	104	136	143	189	258
	KV	144	172	178	232	307

3. 斯特劳勃接头的特点

(1) 斯特劳勃管路接头是一种全新的管路连接技术,耐压高、结构紧凑、操作简便、寿命长、可靠性好,并可重复使用。其温度范围和用材如下:

① 温度范围:NBR 密到套 -20~80℃;

② 材料:壳体、内部元件和紧固件为不锈钢;

③ 密封套:NBR 适用于气体、油品、燃料和其他碳氢化合物。

（2）斯特劳勃管路接头能对轴向位移和角度偏斜进行补偿。

（3）斯特劳勃管路接头能有效地轴向约束管路接口端，防止管路拉脱。它既可与金属管段配合使用，也可与软管配合使用。

4. 使用方法

（1）安装。选用与油管规格相适应的斯特劳勃管路接头，在被连接管路上画上装配标记，其长度是管路接头长度的一半，再将管路接头套在两管段连接处，调整对位，使两管段的间距保持在该接头性能技术参数表中所规定的"管端距离"的间距以内，拧紧螺栓。用测力扳手将扭矩拧至预定扭矩值（扭矩值在管路接头外表面上标注）。

（2）拆除。拆除前应先泄压，确认接头不受力时方可旋松螺栓，将接头向一端滑移出管段。注意松开啮合扣齿和移开接头时，不要损伤橡胶密封圈。

（3）注意事项：

① 不要随意拆卸分解管路接头；

② 使用时应轻拿轻放，防止损伤；

③ 接头扣齿与管表面啮合后，不能旋转管路或接头；

④ 拧紧扭矩时不得超过规定值；

⑤ 重复使用时，应清洁密封圈表面，以免发生泄漏。

（五）管道内封式堵漏器堵漏

内封式堵漏器主要是在发生泄漏事故时，迅速插入断裂的管道，然后对其充气，堵塞管道或在内压的挤压下卡在破口上，具有良好的堵漏效果。

此堵漏器由耐油和抗化学腐蚀的橡胶制成，充气膨胀系数大，密封防渗透性能强，能有效封堵管端敞口。该堵漏器工作压力为 0.15MPa，并可承受反向 0.05MPa 的压力，气源可使用 20MPa 或 30MPa 压缩空气（空气呼吸器气瓶也可），或使用带 0.15MPa 安全阀门脚踏充气泵。有多种型号的产品以适应不同口径。

使用时将堵漏器固定放置于断裂处，向堵漏器内部充气，使堵漏器本身剧烈膨胀，迅速而彻底地阻塞管道内气体或液体的流动，达到堵漏的目的。

（六）折叠式管道连接修补器堵漏

折叠式管道连接修补器由不锈钢材料制成，其内壁附有防老化、耐油胶垫，密封可靠，使用寿命长，可承受 1.6MPa 背压，并可在 85℃ 高温下工作，可用于裂缝或穿孔管道的应急堵漏。

（七）缠绕式管道充气堵漏带堵漏

缠绕式管道充气堵漏带是在普通缠绕橡胶堵漏带的基础上改进而成的，它克服了缠绕橡胶堵漏带只能靠人工的拉紧力来加压堵漏的缺点，使堵漏更加方便可靠。可适用于直径在 5~48cm 之间的管道堵漏。

该堵漏带一般由固定用的绑带和长带状的可充气气囊连接而成。绑带由柔性粗纤维制成，强度高，绑扎可靠。气囊由抗静电、抗油、抗化学腐蚀的柔韧橡胶材料制成，可在 95℃ 以下长时间使用。工作压力 0.15MPa；气源可使用 20MPa 或 30MPa 压缩空气(空气呼吸器气瓶也可)，或使用带 0.15MPa 安全阀门的脚踏充气泵。

使用方法：当管道因穿孔或小裂缝破坏而出现跑、漏油时，用缠绕式堵漏带将管道漏油处缠绕，再将气瓶或脚踏充气泵、减压阀、输气控制阀、输气管同堵漏工具连接后向堵漏袋内充气，这样堵漏袋可以将破裂处有效密封，阻止泄漏。

(八) 带压"补丁瓦片"堵漏

带压"补丁瓦片"堵漏时，输油管路不停止输送油品进行焊接作业，危险性大，安全要求高。

1. 安装"补丁瓦片"堵漏

将加工好的"补丁瓦片"和耐油橡胶垫片(厚度 3~4mm)用 U 形卡子(也可钢丝 U 形卡子或捆扎堵漏器具)紧紧固定在输油管上止漏，见图 3-26。

2. 焊接现场检查

泄漏止住并无渗漏后，进一步清除现场泄漏油品，覆盖细沙约 20cm；检测油气浓度在爆炸下限的 4% 以下；检查消防器材等安全措施落实到位情况。

3. 点焊固定

各项准备工作和安全措施无误后，点焊固定"补丁瓦片"，拆除 U 形卡子。

4. 焊接和防腐

将"补丁瓦片"四周按照设计要求连续焊好，检查合格后，按要求进行防腐前的表面处理，采用比原防腐等级高一级的防腐要求对焊接部位进行防腐。

(九) 带压引流堵漏器堵漏

1. 带压引流堵漏器结构

带压引流堵漏器由封板、封头、密封短节、外短节、引流阀、密封圈、拉紧链等组成，见图 3-27。堵漏器具有重量轻、易操作、制作简单、承压能力强等特点，在引流情况下，可在 0.5MPa 压力下工作，适用于不同管径管路的腐蚀穿孔、开裂、打孔盗油等情况的封堵抢修作业。

(1) 密封短节。密封短节是用于封闭管路上被损坏漏点的，按照破坏面积的大小选用不同管径的短节，如果管路漏点是由不法分子盗油所造成的，可根据盗油者留下的阀门及短节的长度来确定密封短节的尺寸。密封短节为无缝钢管制作，壁厚一般大于或等于输油管路的壁厚，承受压力大于输油管路的输送压力。

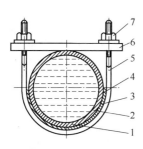

图 3-26　带压"补丁瓦片"堵漏示意图
1—泄漏口；2—输油管；3—"补丁瓦片"；
4—耐油橡胶密封垫片；5—U 形卡子；
6—横梁；7—拉紧螺母

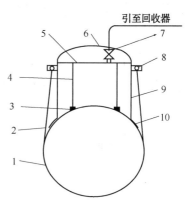

图 3-27　带压引流堵漏器示意图
1—输油管；2—拉紧链；3—密封圈；
4—密封短节；5—封板；6—封头；
7—引流阀；8—拉紧环；9—外短节；
10—加强板

（2）引流阀。引流阀为中、高压球阀，主要起引流降压的作用，不同尺寸的堵漏器可选用不同直径的球阀，一般不超过 DN50。在抢修施工过程中接上引流管，打开阀门，将密闭到堵漏器中的油品引流至回收器，降低了焊接时的压力，对密封圈起到了保护作用，同时也回收了泄漏的油品，减少了损失，避免了环境污染。

（3）密封圈和拉紧链。密封圈是密封短节和被损管路间的密封物，通过密封短节将管路损坏处外漏的油品密封在堵漏器内，通过引流阀引出。为了使密封更加严密，利用两端的拉紧环，用拉紧链将堵漏器紧密地压在管路上。

（4）加强板。为了减少热应力集中，在短节根部焊接一圈加强板，分散热应力，增加焊接强度。加强板的材质选用与输油管路同类型的钢板。

2. 带压引流堵漏器的工作原理

当输油管路受到损坏后（腐蚀穿孔、砂眼、开裂、打孔盗油等），将带压密封堵漏器扣在输油管路上，利用堵漏器两边的拉紧环将堵漏器紧压在管路上，因密封圈的密封作用，油品被密封在堵漏器与输油管壁形成的密闭空间内，不再向外泄漏。打开引流阀门，通过引流管将油品送至距离较远的回收器。在确认油品不外漏，周围环境油气浓度低于爆炸下限 4% 后，将外短节焊接在输油管路上。由于密封圈安装在密封短节上，在焊接过程中，无论是连续焊接还是间断焊接，都不会损坏密封圈。当外短节焊接完成后，立即焊接加强板，待加强板焊接好后，将引流阀关闭，取下手柄，用封头将阀门封住，卸下拉紧链，割掉磨平拉紧环，磨平防腐。

3. 带压引流堵漏器的加工

（1）按照设计尺寸，下料、加工密封短节、封板、封头、外短节、加强板、拉紧环等零件。

（2）加工密封短节、外短节与管路连接脚断面，并用砂轮将连接脚断面打磨光滑。

（3）将密封短节焊在封板上（封板的直径与外短节的内径相同）。

（4）在密封短节上套好密封条，将密封器扣到试压管（罐）上，套上外短节并与封板点焊，用压紧装置压住封板，压紧密封圈，再将封板焊到外短节内，拉紧环焊在外短节上，密封器半成品基本形成后，将上口打磨光滑，加工焊接封头时预留坡口，进行水压试验，合格后编号入库备用。

4. 应用实例

2003年1月，在秦京输油管路大兴站约10km处发生了一起打孔盗油事件。经检查发现，由于盗油者焊接水平低，致使阀门短节处漏油，造成大量原油外泄。现场分析认为，由于当时气温较低，如果全线停输，待原油不再外泄时再进行堵漏作业，将影响安全生产。因此决定采用带压引流堵漏器进行堵漏作业，先安装好引流管，放置好原油接收装置，清除泄漏处附近的防腐层，打开引流阀门后，将带压引流堵漏器扣在输油管路上，拉紧拉链后，按照要求进行焊接作业，成功地进行了封堵，并且通过引流装置回收了焊接操作时的外泄原油。

5. 带压引流堵漏器的特点

（1）当管路发生事故后，不需全线停输，可直接进行抢修作业。

（2）可以回收外泄的油品，保护管路周边环境。

图3-28　木塞形式

（3）原油管路可避免因冬季停输时间过长而引发的凝管事故，增大了输油安全系数。

（十）木塞堵漏

木塞的形状、规格根据需要而预先制作，如图3-28所示。管路穿孔破坏时，可根据孔径的大小，选用预先制好的木塞，塞紧即可。经试验证明，此方法简单，效果良好，堵漏速度快。在试验中，用木塞封堵管路穿孔，仅用不到1min时间，试压0.5MPa，堵漏处正常。

（十一）堵漏栓堵漏

当管路遭受穿孔破坏时，也可根据被穿孔洞的大小选择使用堵漏栓堵漏。使用时先使螺杆和活动杆平行，对准管路的孔洞穿进去，然后慢慢拉动螺杆，使活动杆和螺杆相互垂直，紧紧卡在管子的内壁，接着转动元宝螺母，上紧即可。

堵漏栓是用于抢修管路穿孔时的一种简便方法。携带方便，制作简单，操作时几分钟即可完成，效果良好，其结构如图3-29所示。

（十二）链卡固定堵漏

链卡固定堵漏由转动螺杆、链卡、胶垫、弧形铁板等组成，其原理是通过转动螺杆，拉紧链卡，使上下弧形铁板压紧胶垫，达到堵漏目的。链卡固定堵漏可用于抢修任意直径管路的双面穿孔或裂纹，如图3-30所示。

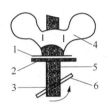

图3-29　堵漏栓

1—垫铁；2—胶垫；3—活动轴；

4—元宝螺母；5—螺杆；6—活动杆

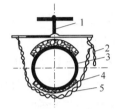

图3-30　链卡固定堵漏

1—转动螺杆；2—链卡；3—油管；

4—胶垫；5—弧形铁板

（十三）卡箍堵漏

卡箍用于堵漏较为普遍，适于孔洞、裂缝等泄漏处，并有加强作用。图3-31为常见的几种堵漏卡箍。卡箍的密封选用橡胶、聚四氟乙烯或柔性石墨垫等。

（十四）环箍堵漏

堵漏环箍结构如图3-32所示。

图3-31　卡箍堵漏

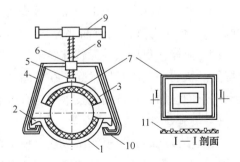

图3-32　堵漏环箍

1—下环箍；2—钩槽；3—上环箍；4—支杆；

5—螺杆座；6—螺母；7—橡胶垫；8—螺杆；

9—手柄；10—钩架

二、管路带压粘接堵漏

带压粘接堵漏技术是在粘接技术的基础上发展起来的新技术，可在不影响生产正常运行的情况下，快速修复泄漏部位，达到重新密封的特殊技术。这种技术是在工艺介质的温度和压力均不降低、有介质外泄的情况下实施的，经济价值显著。虽然带压粘接堵漏技术，尤其是快速带压粘接堵漏技术在国内的应用时间不长，但由于其具有工艺简便、安全可靠、省时省力、不停产等特点，将有广阔的应用和发展前景。

带压粘接堵漏的基本原理是运用某种特制的机制在管路泄漏处形成一个短暂的无泄漏介质影响的区域，利用黏合剂的适应性强、流动性好、固化速度快的特点，在泄漏处形成一个由黏合和各种密封材料组成的新的固体密封结构，从而达到止漏目的。它是利用粘接剂的特殊性能进行动态密封的一种技术手段。带压粘接堵漏管路泄漏既简便又经济。

（一）带压粘接堵漏的特点

带压粘接堵漏技术能解决长期以来实际工作中许多难以解决的问题，是传统修复方法（如焊接）所无法比拟的，也是传统修复的一种补充。

（1）适用于各种介质泄漏。快速粘接堵漏技术无论对易燃、易爆品，还是腐蚀性强的化学试剂和各种气体发生的泄漏都能适用，对介质无影响，对设备无腐蚀，确保介质原有物理化学性能不变。

（2）堵漏不停产。可在不影响设备正常运转的情况下，进行无火常温修复，边漏边补，从而提高了生产效率。

（3）使用范围广。无论泄漏设备的形状、大小尺寸、制造材料（除软塑料、橡胶外）如何，对其任何泄漏部位均能予以修复。

（4）对操作现场条件无特殊要求。一般只要能看得见、摸得到的泄漏点，均能修复。快速粘接堵漏技术除了在堵漏方面具有独特之处外，在粘接技术方面也得到广泛的应用，具备粘接技术的应有特点。

（二）带压粘接堵漏的分类

带压粘接堵漏分为填塞粘接法、顶压粘接法、紧固粘接法、磁压粘接法、引流粘接法等。目前供带压粘接堵漏用的专用黏合剂已有商品出售，商品名为堵漏胶或修补剂，品种较多，可根据其使用说明选用。

1. 修补剂填塞粘接堵漏

修补剂是专供动态条件（温度、压力及泄漏流量）下封闭堵塞各种泄漏缺陷，在泄漏缺陷部位上形成一个新的堵塞密封结构的特殊胶黏剂，也称为修补剂、堵漏胶、冷焊剂、铁腻子、尺寸恢复胶、车宝胶等。目前修补剂的研究已成为胶黏剂领域一个重要分支。

（1）基本原理。在修补部位上依靠人手产生的外力，将事先调配好的某种胶黏剂或修补剂压在泄漏缺陷上，形成填塞效应，并借助此种胶黏剂能与泄漏介质共存，形成平衡相的特殊性能，完成固化过程，达到带压修补止漏的目的。

（2）施工工艺：

① 根据损坏部位情况选择相适应的修补剂品种。

② 清理损坏部位上除泄漏介质外的一切污物、铁锈，最好露出金属本体或物体本色，这样有利于修补剂与损坏本体形成良好的填塞效应，产生平衡相，提高吸附力。

③ 按修补剂使用说明调配好修补剂，在修补剂的最佳状态下，将修补剂迅速压在泄漏缺陷部位上，待修补剂充分固化后，再撤除外力；

④ 泄漏停止后，对泄漏缺陷周围按粘接技术要求进行二次清理并修整圆滑，在其上用结构胶黏剂及玻璃布进行粘接补强，以保证新的密封结构有较长的使用寿命，如图3-33所示。

⑤ 泄漏介质对人体有伤害或人手难以接触到的部位，可按图3-34的结构设计制作专用的顶压器具，将调配好的修补剂放在顶压器具的凹槽内，压向泄漏缺陷部位，待修补剂固化后，撤除顶压器具。

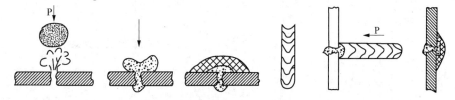

图3-33　修补剂堵塞粘接法示意图　　图3-34　修补剂堵塞粘接堵漏示意图

2. 顶压粘接堵漏

（1）基本原理。在大于泄漏介质压力的人为外力作用下，先迫使泄漏停止，再利用胶黏剂的特性对泄漏部位进行粘接，待胶黏剂固化后撤除外力，达到重新密封的目的。

顶压粘接堵漏法与机械顶压堵漏法的区别有两点：一是两者采用的密封材料不同，前者是用液体类的密封材料，主要有粘接剂、胶黏剂，后者用的是固体类的密封材料，主要有橡胶、柔性石墨、软金属等；二是前者操作中使用的顶压器具，胶黏剂固化后一般都拆除，而后者不可拆除外力。

（2）顶压器具。顶压粘接堵漏的关键是顶压器具。前边介绍的 U 形卡、三通卡、卡箍、压盖、捆扎器、万向顶等，在运用顶压粘接堵漏法时均可使用。

① U 形顶压器具。用法也基本和前述一样。现场操作时，首先将 U 卡式顶压器具安装在无泄漏的管段上，调整好位置，使顶杆轴线对准泄漏点，扳动扳手旋转顶杆，使其前端铝铆钉牢牢地压在泄漏点上止漏。再处理需要粘接的金属部位，用事先配制好的胶黏剂胶泥将铝铆钉或软填料粘于泄漏部位上，胶黏剂充分固化后，就可拆除顶压工具，锯掉突出的铝铆钉，打磨补漆。

② 粘接式顶压器具。粘接式顶压器具的基本结构如图 3-35 所示。由支承架及顶压螺杆组成。这种顶压器具必须先采用快速固化的胶黏剂将其粘接在泄漏缺陷上，然后再消除泄漏。带压修补作业前，首先把泄漏周围特别是粘接固定顶压器具的位置，要按粘接技术的要求认真处理好，然后观察顶压器具的两支脚与泄漏部位的吻合情况。如果两者间隙相差太大则应进行调整，同时要使顶压螺杆的轴线通过泄漏缺陷的中心，并在支脚上做下标记。顶压工具在管路上的粘接形式有两种，一种是轴向粘接式（图 3-36）。另一种是环向粘接式。粘接固定顶压工具用的胶黏剂主要根据泄漏介质温度而定。胶黏剂充分固化后就可以按照顶压粘接的步骤，旋转顶压螺杆止住泄漏，涂胶泥粘接铝铆钉或软性填料，待胶黏剂充分固化后拆除顶压工具，锯掉长出的铝铆钉，完成带压修补作业。

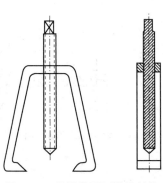

图 3-35 粘接式顶压器具结构

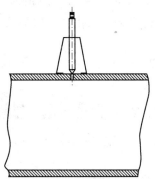

图 3-36 粘接式顶压
器具轴向安装示意图

③ 三通焊道专用顶压工具。其用法与前述相同，不再赘述。

④ 多功能顶压器具。多功能顶压器具是根据常见泄漏部位的情况，综合各类顶压工具的特点而设计的一种通用性强的带压修补作业专用器具。图 3-37 所示是安装在法兰上的多功能顶压器具，图 3-38 所示是安装在管路上的多功能顶压器具。

从图 3-37 和图 3-38 中可以看出多功能顶压器具具备四大作用。

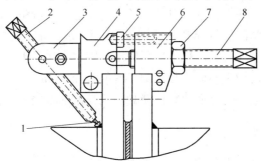

图 3-37 安装在法兰上的多功能顶压器具

1—铝铆钉；2—顶压螺杆；3—转向头；4—换向接头；5—定位螺杆螺母；
6—转向块；7—紧固螺母；8—紧固螺杆

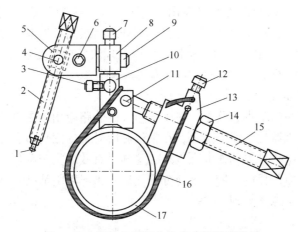

图 3-38 安装在管路上的多功能顶压器具

1—铝铆钉；2—加压螺杆；3—固定螺钉；4—定位螺栓；5—加压螺杆螺母；
6—固定螺栓；7—固定螺钉；8—换向头；9—换向接头；10—前脚；11—连接螺孔；
12—压紧螺钉；13—后脚；14—紧固螺母；15—紧固螺杆；16—钢丝绳；17—管子

第一，加压止漏作用。

第二，连接转换作用。前卡脚的作用是它的上端可以安装换向接头，也可以直接安装转向头，转向头也可直接按要求安装在旁边的孔内，并把螺钉拆下，拧入它下端的螺纹孔内起固定作用。前卡脚也是用钢丝绳及后卡脚使整套顶压器具固定在泄漏管路上的构件，它的上端可以攀缠钢丝绳，也可以固定在泄漏法兰上，并通过定位螺杆、紧固螺杆使前、后卡脚连为一体。

第三，连接固定作用。卡脚的作用也是使整套顶压器具固定在泄漏部位上，它的上端有两个直径 7mm 的通孔，用于穿过钢丝绳并通过拧紧压紧螺钉使钢丝绳固定在前卡脚上，前卡脚的中部有一个直径 7mm 的圆孔、紧固螺杆从此孔穿过，并可通过旋转紧固螺母起到收紧钢丝绳的作用。同理，在处理法兰泄漏时，多功能顶压工具也是通过紧固螺母使顶压工具固定在法兰上。

第四，钢丝绳适用于不同管径，钢丝绳的直径为 5mm，它的作用是通过前卡脚和后卡脚，拧紧紧固螺母而使顶压器具固定在泄漏管路上，钢丝绳的长度由泄漏管路的直径确定。

⑤ 多功能顶压器具的特点：

a. 利用钢丝绳可将顶压器具安装在任何直径的泄漏管路上，通用性强；

b. 多功能顶压器具有三个旋转机构，可以全方位回转，使用方便；

c. 可以对法兰焊缝、三通焊缝及管路面上任意方向的焊缝泄漏进行带压密封作业，顶压螺杆端部采用软性填料时还可以处理各种较大的裂纹；

d. 顶压螺杆可以配合铝铆钉使用，也可以换成尖顶的顶压螺杆，以便配合顶压块、软性填料、软金属使用，可以分别处理连续滴状泄漏和喷射状泄漏。

e. 利用钢丝绳、主杆、顶压螺杆还可以处理法兰垫片发生的泄漏。

f. 钢丝绳、主杆和顶压螺杆实际上就是一副任意大小的管路顶压器具。

3. 引流粘接器堵漏

引流粘接堵漏的基本思路是，对于压力大的管路应用胶黏剂或修补剂把某种特制的机构的引流器粘于泄漏点上，在粘接和胶黏剂的固化过程中，泄漏介质通过引流通道、排出孔排放到作业点以外，这样可有效地实现降低胶黏剂或修补剂承受泄漏介质压力的目的，胶黏剂充分固化后，再封堵引流孔，实现带压修补的目的。引流粘接示意图见图 3-39。

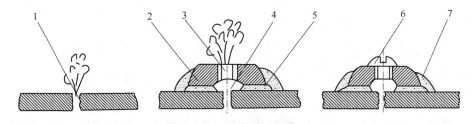

图 3-39　引流粘接法示意图

1—泄漏缺陷；2—引流器；3—引流螺孔；4—引流通道；5—胶黏剂或修补剂；
6—螺钉；7—加固胶黏剂或修补剂

引流粘接器堵漏程序：

（1）首先根据泄漏点的情况设计制作引流器，引流器的制作材料可以根据泄漏油品的物化参数（如温度、压力等）选用金属、塑料、木材、橡胶等，做好后的引流器应与泄漏部位有较好的吻合性。

（2）按粘接技术要求对泄漏表面进行处理，根据泄漏介质的物化参数选择快速固化胶黏剂或修补剂，并按比例调配好，涂于引流器的粘接表面，迅速与泄漏点黏合，这时泄漏介质就会沿着引流通道及引流螺孔排出作业面以外，而且不会在引流器内腔产生较大的压力。

（3）胶黏剂或修补剂充分固化后，再用结构胶黏剂或修补剂及玻璃布对引流器进行加固。

（4）加固胶黏剂或修补剂充分固化后，用螺钉封闭引流螺孔，完成带压密封堵漏作业。

4. 磁压粘接堵漏

利用磁铁对受压件的吸引力，相当于顶压堵漏中使用的顶压器具所施加的外力，将密封胶、胶黏剂压紧或固定在泄漏处而止漏的方法叫磁压粘接法。它多适用于储罐等大设备上堵漏，管路堵漏中应用较少。

（三）快速粘接堵漏胶

带压粘接堵漏所用的主要材料是快速粘接堵漏胶。

1. 分类

快速粘接堵漏胶是一种以无机材料为主体，添加其他配料的新材料，按其使用对象和范围，以及各自不同的特性，可为胶棒和堵漏补强胶两类。

（1）胶棒。胶棒分为 A 型、B 型、C 型三种，均有无腐蚀、不易燃、耐老化、无毒、无污染等特性，可在不停电、不清洗、不排放介质、不影响设备正常运转的情况下，进行无火修补的一种单组分的固体胶。

（2）PLA-101 堵漏补强胶。它由甲乙两组分构成，根据使用条件、泄漏点或粘接部位、材料的不同，采用不同的配比，配合胶棒使用，可获得更佳的堵漏效果。具有耐油、耐水、耐稀酸、耐碱、耐盐，以及多种常用气体和大部分常规化学试剂等介质的性质，经过修复的容器耐压可达 30MPa 以上，具有抗老化、无污染、不易燃、不改变介质的物理化学性能等特点。PLA-101 堵漏补强胶涂胶的工艺方法有多种，在粘接堵漏技术中常用的是滚涂法和刀刮法。在现场施工中，对立式油罐的修复可采用常温调胶刀刮法，对冷凝管的修复则可采用常温调胶绕带法。

2. 配制

PLA-101 堵漏补强胶固化后，胶层的性质随甲乙两组分配比而变。如以 1:1 为两组分的配比，随乙组分的增加，固化后胶层的硬度和脆性增加而韧性下降；随甲组分的增加，固化后胶层韧性增加，抗震性提高，但胶层的硬度下降。实际应用时应根据粘接物及其受力分析、应用情况、制造材料等方面的因素进行综合考虑，按两组分相对递增时对胶层性质变化的影响来确定甲乙组分的配比。

胶黏剂配制时各组分的称取是十分必要的，相对误差最好不要超过 2% ~ 5%。需用多少配制多少。所用的容器不允许影响胶黏剂的组分，最好选用玻璃、陶瓷、铜等材料制作的容器，调胶用的工具必须对表面进行洁净处理。常用的配制方法有三种。

（1）常温调胶。在室温下将 PLA-101 堵漏补强胶的甲乙两组分按一定比例混合搅拌均匀，调配好的胶浆可粘接时间约为 40min。

（2）加温调胶。采用这种方法可以缩短补强胶的可粘接时间和固化时间，最快可在 10min 以内完成固化，常用于抢修。

（3）稀释调胶。按一定的配比取甲乙两组分，根据需要用丙酮分别稀释均匀后，再混合搅拌均匀。其特点是可延长粘接和固化时间，常用于大批零部件的粘接。

（四）影响带压粘接堵漏强度的因素

1. 表面清洁度的影响

许多设备表面由于人为涂抹防腐剂或长期暴露于空气中，受灰尘和其他杂质的污染，使胶黏剂不易浸润被粘物表面，在不同程度上影响着粘接堵漏强度。

2. 被粘材料表面处理

表面处理可以提高被粘材料的表面极性和接触面积，从而提高粘接强度。例如金属表面的处理，应先用砂纸、钢丝刷除去表面锈迹，再用有机溶剂，如丙酮、四氯化碳、乙醇等擦洗，除去油污、水分，然后进行化学处理。处理后可用蒸馏水滴在金属表面以检验表面处理质量，处理好的表面应为连续水膜。被粘材料一经表面处理应在 4 ~ 8h 内使用，超过 8h 应重新处理。普通碳钢及铁合金化学处理液配方：浓盐酸 1000mL，H_2O 1000mL。将被粘物放入 20℃ 的处理液中，浸泡 5 ~ 10min 后，取出水洗，再用蒸馏水冲洗，于 93℃ 干燥 10min 后待用。

3. 水分的影响

金属、玻璃、陶瓷等材料的表面对水的吸附能力很强，有些被粘物还能对水产生化学吸附，从而降低了被粘物表面对胶黏剂的吸附性。另外，水分对胶黏剂本身还有渗透、腐蚀及膨胀作用，会使胶层产生气泡或腐蚀被粘物表面并形成松散组织，因而影响粘接堵漏强度。

4. 材质的影响

不同材料的被粘物，其表面性质和状态不同，粘接强度的差异很大，一般规律是：钢>纯铅>锌>铸铁>铜>银>锡>铅。

5. 表面粗糙度的影响

被粘物表面的粗糙度直接影响黏结力的大小，适当粗化被粘物表面对增大粘接面积，提高粘接强度较为有利，但过度粗糙又使界面接触不良，反而有害，图 3-40 是表面粗糙度对粘接强度的影响曲线。

6. 胶层厚度的影响

胶层厚度对粘接强度的有较大的影响，并非胶层越厚，粘接强度越高，其影响见图 3-41。多数胶黏剂的黏接强度随胶层厚度的增加而下降。胶层厚度以 0.05~0.15mm 为宜，最好不超过 0.25mm。无机胶的厚度应控制在 0.1~0.2mm。

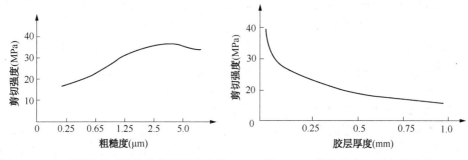

图 3-40　表面粗糙度对粘接强度的影响曲线　　图 3-41　粘接强度与厚度的关系

7. 固化温度的影响

粘接强度随固化温度的提高而增加，所以对升温速度要控制适宜。但后固化可以减少内应力，因而有利于提高粘接强度和耐久性。

8. 晾置时间与温度

溶剂型胶黏剂往往需要在一定温度下晾置，使胶黏剂中的溶剂充分挥发，并获得良好的浸润效果。适当的晾置时间也可以获得良好的粘接强度。晾置时间过短或温度过低，部分溶剂存在于胶黏剂中，在固化过程中不能完全从胶黏剂内部挥发出去，从而在胶层中产生空隙，造成缺陷，严重影响粘接强度。而在一定温度下晾置时间过长或温度过高，也会使胶黏剂过早发生部分交联，有效粘接面积显著减小或胶层过厚，导致粘接强度下降。

三、管路带压注剂堵漏

带压注剂堵漏是一种新出现的堵漏技术，这种技术已经被石油化工生产工艺采用，某油库也采用了这种技术取得成功。

（一）密封注剂

带压注剂堵漏技术所用的特制密封材料，叫做"密封注剂"。目前国内外密封注剂的产品约 30 多个品种，大致分为以下两类。

1. 热固化密封注剂

热固化密封注剂的基础材料是高分子合成橡胶和固化剂，添加耐水、耐酸、耐碱、耐化学介质、耐高温的各种辅助剂制成。这类密封注剂的显著特点之一是只有达到一定的温度以上，才能完成密封注剂由塑性体转变为弹性体的固化过程，常温下则为棒状固体。

2. 非热固化密封注剂

非热固化密封注剂的基础材料根据密封注剂的性能要求，它可由高分子合成树脂、油品、石墨、塑料及其他无机材料等制成。其固化机理多为反应型及高温炭化型或单纯填充型，适用于常温、低温及超高温场合的动态密封作业要求，其产品也多制成棒状固体或双组分的腻子状材料，将其装在高压注剂枪后，在一定的压力下具有良好的注射工艺性能及填充性能。密封注剂的选用主要根据泄漏介质的温度及物化性质决定。

（二）带压注剂堵漏的基本原理与工艺程序

1. 带压注剂堵漏的基本原理

当泄漏量大、管路内介质压力高时，采用带压注剂堵漏技术是最安全、最可靠的技术手段。管路带压注剂堵漏技术的基本原理是在介质处于流动条件下，将具有热塑性、热固化的密封注剂用大于管路系统内介质压力的外部推力，使其注入并充满由专用夹具与泄漏部位外表面构成的密闭空间，堵塞管路泄漏孔隙和通道。注入的密封注剂延滞一定时间、获得一定温度后，先变为可塑体，然后迅速固化，在泄漏部位建立起一个固定的新密封结构与泄漏介质平衡，从而彻底消除管内介质的泄漏。

2. 带压注剂堵漏的工艺程序

带压注剂堵漏技术实施操作的工艺程序如下。

（1）勘测泄漏现场，确定密封实施方案。在实施方案中主要包括密封剂种类选择，设计加工适应的夹具，编排操作程序等。同时还要了解泄漏介质的性质、系统的温度和压力；测量泄漏部位的有关形状及尺寸，制定出实施过程中应采取的安全防范措施。

（2）在泄漏部位装夹具。把预先装好的注射阀夹具套在泄漏部位，注射阀不止一个，其数量应有利于密封剂的注入和空气的排出。夹具与泄漏部位的外表面须有连接间隙，操作时应严禁激烈撞击，必须敲击时，应使用铜棍、铜锤，以防止出现火花而引起火灾和爆炸。

（3）实施密封操作。当确认夹具安装合适后，在注射阀上连接高压注射枪的注射筒，在筒内装入选好的密封注剂，连接柱塞和油压缸，再用高压胶管把高压注射枪与手压油泵连接起来，进行密封注剂注入操作，操作过程见图3-42。在操作时，从远离泄漏点的注射阀注入密封注剂，逐步向泄漏点移动，直到泄漏完全消除。在注射过程中，要特别注意压力、温度、密封注剂、注入量的控制。

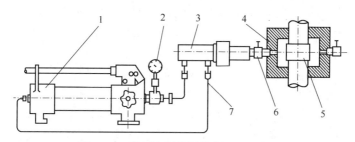

图 3-42　带压注剂堵漏操作过程示意图

1—高压泵；2—压力表；3—高压注射枪；4—夹具；5—螺纹连接管（泄漏处）；

6—注射阀；7—高压油管

（4）实施中的两个关键问题：

① 夹具的设计是实施带压堵漏的关键之一。夹具的作用是包容注射进来的密封注剂，使其保持一定的压紧力，以保证带压封堵的成功和密封的可靠性。在不同场合、不同形状已设计出不同形式的夹具，如弯头、三通、直管等。夹具的强度应与泄漏介质压力的大小相适应。因此，夹具设计的好坏直接关系到密封的成败及其寿命的长短，同时也影响到带压注剂堵漏操作时间的长短和消耗密封注剂的数量。

② 密封注剂的正确选择是保证带压堵漏成败的另一关键。由于生产介质及油品的多种多样，不同种类的油品需选用与之相适应的、具有不同"热固化"的密封注剂。密封剂的选择应根据固化速度、分解温度、介质的抗溶解能力等物化指标确定。

（三）管路夹具种类

带压注剂堵漏技术所用设备器具包括高压泵、油压表、高压注射枪、高压油管、注射阀、夹具、接头等。

夹具是安装在管路泄漏部位的外部与其部分外表面共同组成新的密封腔金属构件。对管路及其附件来说，夹具分为管路夹具和法兰夹具两类。管路夹具按使用部位的不同又可分为五种。

（1）方形夹具。当泄漏管路的公称直径小于 DN50，泄漏介质压力较高，泄漏量较大时可以采用方形夹具进行动态密封作业。

（2）圆形夹具。当泄漏管路公称直径大于 DN50，一般应采用圆形夹具。

（3）局部夹具。当泄漏管路公称直径很大，而泄漏只发生在某一局部的点上，则可采用局部夹具。

（4）弯头夹具。当泄漏管路的公称直径小于 DN50，可采用弯头夹具；当泄漏管路的公称直径大于 DN50 时，可采用焊制弯头夹具。

(5) 三通夹具。当泄漏管路的公称直径小于 DN50 时，可采用三通弯头夹具；当泄漏管路的公称直径大于 DN50 时，可采用焊制三通弯头夹具。

（四）法兰夹具及操作方法

管路法兰夹具根据泄漏部位结构的不同可有以下几种：

1. 铜丝捻缝围堵注剂

当两法兰的连接间隙小于 4mm，整个法兰外圆的间隙量比较均匀，泄漏介质压力低于 2.5MPa，泄漏量不是很大时，可以不采用特制夹具，采用一种简便易行的办法，用直径等于或略小于泄漏法兰间隙的铜丝、螺栓专用注剂接头或在泄漏法兰上开设注剂孔，组合成新的密封空腔，然后通过螺栓专用注剂接头或法兰上新开设的注剂孔把密封注剂注射入新形成的密封空腔内，达到止住泄漏的目的。具体步骤如下。

螺孔和螺杆之间的间隙较大时，密封注剂能够沿此通道顺利注入铜丝与泄漏法兰组合成新的密封空腔内时，可以在拆下的螺栓上直接安放一个螺栓专用注剂接头，如图 3-43 所示。

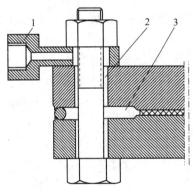

图 3-43 铜丝捻缝围堵法示意图
1—螺栓注剂接头；2—注剂通道；
3—密封空腔

螺栓专用注剂接头的安放数量可视泄漏法兰的尺寸及泄漏点的情况而定，但一般不少于两个为好。安装螺栓专用注剂接头时，应当在松开一个螺母后，立刻装好注剂接头，迅速重新拧紧螺母，再安装另一个螺栓专用注剂接头。绝对不可同时将两个螺母松开，以免造成垫片上的密封比压下降，泄漏量增加，甚至会出现泄漏介质将已损坏的垫片冲走，导致无法弥补的后果。必要时可在泄漏法兰上增设 G 形卡子，用以维持垫片上的密封比压平衡。螺栓专用注剂接头按需要数量安装完毕后，即可把准备好的铜丝沿泄漏法兰间隙放入，放入一段用冲子、铁锤或用装在小风镐上的扁冲头把铜丝嵌入法兰间隙中去，同时将法兰的外边缘用上述工具冲出塑性变形，这种内凹的局部塑性变形就使得铜丝固定在法兰间隙内，冲击凹点的间隔及数量视法兰的外径而定，一般间隔可控制在 40~80mm 之间。这样铜丝就不会被泄漏的压力介质或动态密封作业时注剂产生的推力所挤出。铜丝全部放入，捻缝结束后，即可连接高压注剂枪，进行动态密封作业。注入密封注剂的起点，应选在泄漏点的相反方向，无泄漏介质影响的地点，依次进行，最后一枪应在泄漏点附近结束。

2. 钢带围堵注剂

当两法兰之间的连接间隙不大于 8mm，泄漏介质压力小于 2.5MPa 时，可以采用钢带围堵法进行动态密封作业。这种方法对法兰连接间隙的均匀程度没有严格要求，但对泄漏法兰的连接同轴度有较高的要求。钢带围堵法的基本形式如图 3-44 所示。

钢带厚度一般为 1.5 ~ 3.0mm，宽度在 25 ~ 30mm，内六方螺栓的规格为 M8 ~ M16。制作钢带可以采用铆接或焊接，过渡垫片可以采用与钢带同样宽度和厚度的材料制作。作业时，首先松开与泄漏点方向相反位置上的一个螺母，观察螺栓与螺栓孔之间的间隙量，看能否使密封注剂顺利通过，然后再根据法兰尺寸的大小及泄漏情况，确定安装螺栓专用注剂接头的个数。

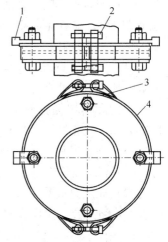

图 3-44 钢带围堵法示意图
1—螺栓注剂接头；2—内六角螺栓；
3—过度垫片；4—钢带

安装钢带时，应使钢带位于两法兰的间隙上，全部包住泄漏间隙，以便形成完整的密封空腔。穿好四个内六角螺栓，拧上螺纹后，加入两片过渡垫片，然后再继续拧紧内六角螺栓，直到钢带与泄漏法兰外边缘全部靠紧为止。连接高压注剂枪进行动态密封作业。如果发现钢带与泄漏法兰外边缘不能良好地靠紧时，可以采用尺寸略大于泄漏法兰间隙的石棉盘根，在没有安装钢带之前，首先在法兰间隙上盘绕一周后，用锤子将其砸到法兰间隙内，然后再安装钢带；也可以采用 2mm 厚、宽度 25mm 的石棉橡胶板在泄漏法兰外边缘盘绕一周，或用厚度 4~6mm 的相应铅皮在泄漏法兰外边缘上盘绕一周，注意接头处要避开泄漏点，然后再安装钢带。当法兰连接间隙的均匀度较差，两法兰的外边缘又有"错口"时（两法兰装配不同轴），采用铅皮盘绕的方法，能很好地弥补缺陷。加好钢带紧固后，还可以用捻砸铅皮，直到封闭好为止。其余步骤同"铜丝捻缝围堵法"。

3. 用凸形法兰夹具注剂

当泄漏法兰的连接间隙大于 8mm，泄漏介质压力大于 2.5MPa，并且泄漏量较大时，从安全性、可靠性考虑，应当设计加工凸形法兰夹具。这种法兰夹具的加工尺寸较为精确，安装在泄漏法兰上后，整体封闭性能好，动态密封作业的成功率高，是"注剂式带压密封技术"中应用较为广泛的一种夹具。操作如下：

（1）动态密封作业前，应在制作好的夹具上装好注剂旋塞阀，使其处于全开的位置。如注剂旋塞阀是使用过的，则应把积存在通道上的密封注剂除掉。当注剂旋塞阀口到周围障碍物的直线距离小于高压注剂枪的长度时，则应在注剂旋塞阀与夹具之间增装角度接头，目的是排放泄漏介质和改变高压注剂枪的连接方向。

（2）操作人员在动态密封作业时，应站在上风位置。若泄漏压力及流量很大时，可用胶管接上压缩空气，把泄漏介质吹向一边，或者把夹具接上长杆，使操作人员少接触或不接触介质。

（3）安装夹具时，使夹具上的注剂孔在泄漏法兰连接螺栓的中间，并保证泄漏缺陷附近应有注剂孔。不应使注剂孔正对着泄漏法兰的连接螺栓，这样会增大注剂操作时的阻力。

（4）安装夹具时应避免激烈撞击，采用防爆工具作业。当泄漏介质是易燃、易爆物料时，绝对要防止出现火花。

（5）夹具螺栓拧紧后，检查夹具与泄漏部位的连接间隙，一般要控制在0.5mm以下，否则要采取相应的措施缩小这个间隙。

（6）确认夹具安装合格后，在注剂旋塞阀上连接高压注剂枪，装上密封注剂，再用高压胶管把高压注剂枪与手动油泵连接起来，进行注剂作业。

（7）先从离泄漏点最远的注剂孔注射密封注剂，如图3-45所示，直到泄漏停止。管路夹具的操作步骤与法兰的相似。

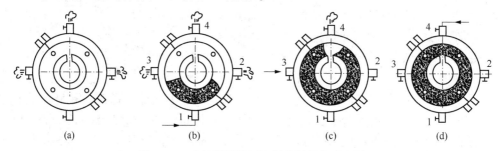

图3-45　法兰泄漏带压注剂堵漏操作示意图

1—开始注剂；2—第二次注剂；3—第三次注剂；4—最后注剂

4. 螺纹泄漏注剂处理

当螺纹连接处发生泄漏时，可以采用如图3-46所示方法进行处理。首先将G形卡子固定在螺纹泄漏部位的外表面上，用顶丝压紧，然后通过顶丝的内孔，用约ϕ3mm的长钻头钻透管箍壁，引出泄漏介质，安装高压注剂枪，进行注剂作业，直到泄漏停止。

（五）带压注剂堵漏应用实例

中国石油天然气总公司西北石油管路建设指挥部，在1989年成功地应用这一新技术对某油库内一条螺纹连接的输油管路泄漏进行了处理，效果很好。

这条管路是油库输送成品油的主干线，泄漏处距离油罐5.0m，在室内靠墙根的窗户下发现渗漏，采取了粘接堵漏处理，因柴油渗透力极强，未能达到堵漏目的。此时，正值天气炎热，若不及时处理，随时会有发生火灾和爆炸的危险。在不能停产、不能动火的情况下采用了带压注剂堵漏这一新技术，其操作步骤如下。

（1）渗漏现场进行勘察。在勘察中测量各处尺寸，设计加工了形状合适的夹具。

（2）选择密封注剂。通过比较分析，选用了适合于柴油、汽油的 TS-2 型密封注剂。

（3）安装注剂。把卡套安装在泄漏处，将 TS-2 密封注剂装入高压注射枪，用高压泵将密封注剂注入夹具与管壁形成的密封腔内，经过半小时，泄漏停止。其堵漏过程见图 3-47。

经过几年来的考验，泄漏点始终不渗不漏，证明了管路带压封堵技术是可靠和成功的。

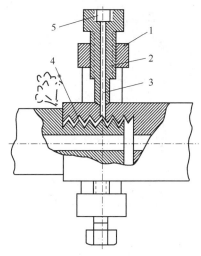

图 3-46　螺纹泄漏处理操作示意图
1—G 形卡子；2—顶丝；3—长钻头
（注剂）孔；4—连接螺纹；
5—高压枪安装孔

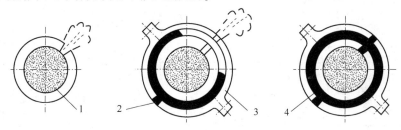

图 3-47　带压封堵过程示意图
1—管内介质；2—注剂口；3—卡套；4—TS-2 型密封注剂

四、管路带压密封堵漏

输油管路上除了法兰和阀门的泄漏外，管道本体的泄漏常发生在两管对接的环向焊缝处，主要是由焊接缺陷所引起，如气孔、夹渣、裂纹、未焊透等；非焊接部位在油品的腐蚀、冲刷、振动及金属内部缺陷等因素影响下，也会引起泄漏。输油管路泄漏可以设计制作专用的夹具，采用带压密封堵漏技术进行应急抢修。输油管路夹具是用于输油管路发生泄漏所采用的一种专用夹具，常用的夹具如图 3-48～图 3-58 所示。带压密封堵漏技术具有操作简便、泄漏部位不需专门处理、可带温、带压作业、作业过程不需动火等特点，是处理油库输油管路泄漏安全可靠的技术手段，可用于直管、弯头、螺纹接头等部位泄漏的消除。

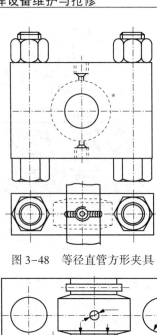

图 3-48 等径直管方形夹具

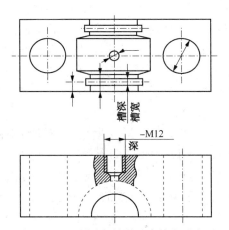

图 3-49 O 形圈密封增强直管方形夹具

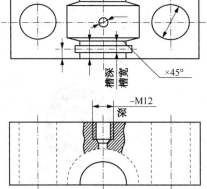

图 3-50 金属条密封增强直管方形夹具

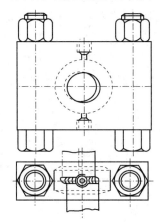

图 3-51 偏心方形直管夹具

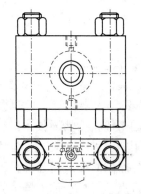

图 3-52 异径方形直管夹具

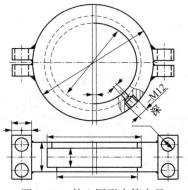

图 3-53 偏心圆形直管夹具

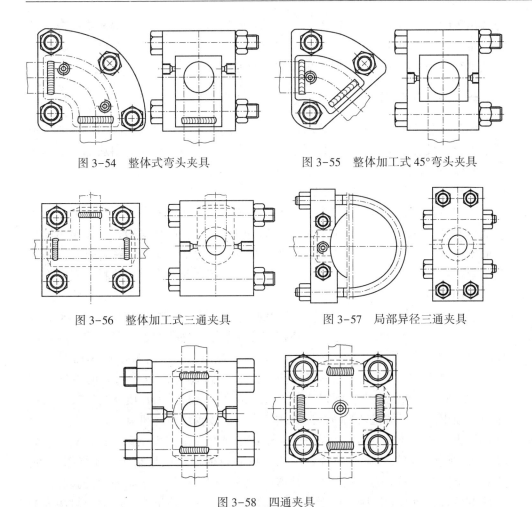

图 3-54　整体式弯头夹具　　　　　图 3-55　整体加工式 45°弯头夹具

图 3-56　整体加工式三通夹具　　　　图 3-57　局部异径三通夹具

图 3-58　四通夹具

第四节　阀门的应急抢修

阀门是油库的重点设备，引起阀门故障的原因主要有两方面：

（1）制造、设计、安装问题。设计不科学、制造不合格、安装不到位引起的阀门内漏，阀门受热胀冷缩而胀裂或丧失密封严密性，受低温而冻裂，在管线发生位移时损伤等。

（2）使用维护保养问题。不按规章操作或误操作、检修保养不及时、未按规定进行清洗及试压、冬季未采取保温与放水措施等会造成阀门故障。

阀门阀杆的密封多采用填料形式，而填料密封的泄漏绝大多数是以界面泄漏形式出现的。开始是微漏,随着流体压力介质的不断冲刷,填料中纤维成分会被大量带走,而使泄漏量不断增大,严重时还会把金属阀杆冲刷出沟槽,造成阀门无法继续使用,有时甚至引起燃烧爆炸、中毒等事故。

一、夹具密封堵漏

阀门泄漏的应急抢修可以采取带压密封堵漏技术,它是消除阀门填料部位泄漏最安全、最有效的方法,而且再密封后不影响阀门的开启和关闭功能。根据阀门填料盒的结构形式,有两种堵漏密封手段供选择。

(一)厚壁填料盒泄漏的处理方法

阀门填料盒的壁厚尺寸较大,即不小于8mm,在动态条件下采用注剂式带压堵漏技术消除泄漏时,可以不必设计制作专门的夹具,而是采用直接在阀门填料盒的壁面上开设注剂孔的方式进行作业。在此种情况下,所谓的密封空腔就是阀门填料盒自身,而被注入阀门填料盒内的密封注剂所起的作用与填料所起的作用完全相同。

操作过程:首先在阀门填料盒外壁的适当位置上,用 ϕ10.5mm 或 ϕ8.7mm 的钻头开孔,具体位置应考虑方便连接高压注剂枪,钻孔的动力可以选用防爆电钻或风动钻,孔不要钻透,大约留 1mm 左右,撤出钻头,用 M12 或 M10 的丝锥套扣,套扣工序结束后,把注剂阀拧上,把注剂阀的阀芯拧到开的位置,用 ϕ3mm 的长杆钻头把余下的阀门填料盒壁厚钻透,这时泄漏介质就会沿着钻头排削方向喷出。为了防止钻孔时泄漏介质喷出伤人或损坏钻孔机具,钻小孔之前可采用挡板,先在挡板上用钻头钻一个 ϕ5mm 的圆孔,使挡板能穿在长钻头上,如图 3-59 所示。挡板可采用胶合板、纤维板或石棉橡胶板等制作,加好挡板后,再钻余下的壁厚就不会有危险了。钻透小孔后,拔出钻头,把注剂阀的阀芯拧到关闭的位置,泄漏介质则被切断,这时就可以连接高压注枪进行注射密封注剂的操作了。当泄漏系统压力小于或等于2MPa,填料函外周边直径较小时,可用一个卡兰在填料函中部外周边的适当位置夹紧,通过带注剂阀的一侧向填料函内部钻通孔,泄漏介质被引出后,再安装注剂阀及高压注剂枪进行堵漏密封作业,如图 3-60 所示。

(二)薄壁填料盒泄漏的处理方法

泄漏阀门填料盒的壁厚尺寸较薄,即小于 6mm 时,直接在如此薄的壁面上钻孔攻丝是十分困难的,即使能攻上丝,也只有两三圈螺纹,难以达到连接高压注剂枪的强度要求。在这种情况下,可以采用辅助夹具的形式来进行动态条件下的堵漏作业,如图 3-60(b)所示。这种辅助夹具的作用不是包住由高压注剂枪注射到泄漏部位上的密封注剂,而只是为了连接高压注剂枪,弥补阀门填料盒壁

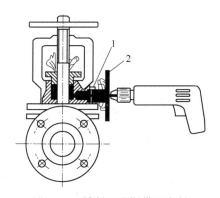

图 3-59　填料函泄漏带压密封

1—注剂旋塞阀；2—挡板

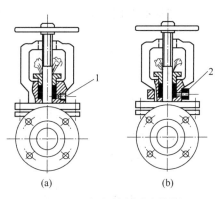

(a)　　　　　(b)

图 3-60　阀门填料动态堵漏

1—钻孔攻丝；2—辅助夹具

厚的不足，相当于一个固定在阀门填料盒外的一个特殊连接接头。辅助夹具的结构如图 3-61 所示。这种辅助夹具的关键尺寸是贴合面的形状，要求辅助夹具的贴合面形状能与泄漏阀门填料盒的外壁面某一局部区域良好地吻合，间隙越小越好。如果采用机械加工的方法难以得到理想的贴合面，可以用手砂轮或锉刀在现场实际研合，直到满足要求为止，在条件允许的情况下，也可以适当修理一下泄漏阀门填料盒的外壁，使之与辅助夹具的贴合面更好地吻合。如果泄漏阀门填料盒的外壁形状比较复杂，

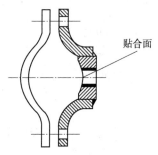

贴合面

图 3-61　阀门填料辅助夹具结构

贴合面难以达到要求时，则可以在安装辅助夹具时，在贴合面的底部垫一片 2mm 左右厚的耐油石棉橡胶板或橡胶板，拧紧连接螺栓，使辅助夹具牢牢地固定在泄漏阀门上，而垫在下面的橡胶板会起到良好地堵塞缝隙的作用。辅助夹具贴块上的螺纹为 M12 或 M14×1.5。夹具固定好后，就可以用钻头钻透填料盒的壁厚。钻孔的程序：泄漏量较小，压力较低时，可以用 ϕ3mm 的钻头直接钻孔，然后再拧上注剂阀，继续进行下一步作业；当泄漏量较大，压力较高，直接钻孔有困难时，则可以安装好注剂阀后，再用长钻头钻孔。整个堵漏密封作业结束后，不要立刻开关泄漏阀门，待密封注剂充分固化后，阀门即可投入正常使用。

（三）G 形卡具堵漏的应用

G 形卡具是用于处理阀门填料盒泄漏的专用工具。目前 G 形卡具的商品规格有大、中、小三个型号。作业时根据泄漏阀门填料盒的外部尺寸，可选择不同型号的 G 形卡具。其堵漏密封作业的程序是：

（1）按泄漏阀门填料盒尺寸选择 G 形卡具型号。

（2）试装，确定钻孔位置，并打样冲眼窝。

（3）用 $\phi 10mm$ 的钻头在样冲眼窝处钻一个定位密封孔，深度按 G 形卡具螺栓头部形状确定。

（4）安装 G 形卡具，检查眼窝处的密封情况。

（5）用 $\phi 3mm$ 的长杆钻头将余下的填料盒壁厚钻透，引出泄漏介质。

（6）安装注剂专用旋塞阀及高压注剂枪进行注剂作业。泄漏停止后，G 形卡具以不拆除为好，如图 3-62 所示。

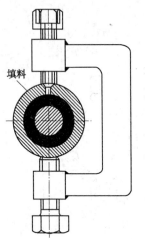

填料

图 3-62　G 形卡具应用

二、粘接堵漏

在低压情况下，打开压盖或压套螺母，清洗干净，在压盖的压套上和压套螺母内涂上一层黏稠的密封胶或固化快的胶黏剂，压套下面和轴、阀杆处涂敷同样的胶，并缠绕一些用该胶液浸泡的玻璃布，或者填充一些密封性能良好的柔性石墨、聚四氟乙烯等填料，然后压紧压盖或压套螺母，即可止漏。

对不宜打开压盖和压套螺母进行粘堵的，可视情况处理。

（一）压盖处泄漏

先粘接压盖与填料函处的泄漏，若压盖无预紧间隙，应将压盖提上一定的预紧间隙，再把预先准备好的浸透过的快固胶玻璃布缠绕在压盖的压套上，然后再压紧压盖待胶固化。制作的顶压工具下端成内斜形，安装在压盖上面，在轴、阀杆上同样缠绕几圈浸过胶的玻璃布，将顶压工具压紧玻璃布胶，即可止漏。

（二）压套螺母处泄漏

松动几圈压套螺母，使压套螺母有足够的预紧间隙；清洗粘接面，在螺纹上涂敷黏稠快固胶，拧紧螺母，使其不漏；然后把压套螺母与轴、阀杆之间的泄漏堵住。

第五节　法兰的应急抢修

法兰密封主要依靠连接螺栓的预紧力，通过垫片达到足够的密封比压，阻止被密封带压流体介质的泄漏。法兰密封是油库应用最广泛的一种密封结构形式，法兰泄漏也是最常见的一种泄漏形式。法兰泄漏的原因有密封垫片的压紧力不足、结合面的粗糙度不符合要求、机械振动和垫片破损变形等，这些都可能会造成密封垫片与法兰结合面结合不严而发生泄漏。此外螺栓变形伸长、垫片老化、回弹力下降、龟裂等也会造成法兰密封不严而发生泄漏。还有人为原因造成的法兰泄漏，如密封垫片装偏，导致局部密封比压不足；压紧力过度，超过了密封垫片的设计极限；法兰紧固过程中用力不均或两法兰中心线偏移造成假紧现象等。在应急处置法兰泄漏故障时，应根据泄漏法兰的连接间隙及泄漏介质的实际压力，选择堵漏作业的方法。

一、铜丝捻缝围堵法

当两法兰的连接间隙小于4mm，并且整个法兰外圆的间隙量比较均匀，泄漏介质压力低于2.5MPa，泄漏量不是很大时，可以采用直径等于或略小于泄漏法兰间隙的铜丝、螺栓专用注剂接头或在泄漏法兰上开设注剂孔的方法，组合成新的密封空腔，然后通过螺栓专用注剂接头或法兰上新开设的注剂孔把密封注剂注射到新形成的密封空腔内，达到止漏的目的。

当螺栓孔与螺栓杆之间的间隙较大，密封注剂能够沿此通道顺利注入铜丝与泄漏法兰组合成的新的密封空腔内时，可以在拆下的螺栓上直接安放一个螺栓专用注剂接头，如图3-63所示。螺栓专用注剂接头的安放数量可视泄漏法兰的尺寸及泄漏点的情况而定，但一般不少于两个为好。螺栓专用注剂接头按所需数量安装完毕后，即可把准备好的铜丝沿泄漏法兰间隙放好，并放入一段后就用冲子、铁锤或用装在小风镐上的扁冲头把铜丝嵌入法兰间隙中去，同时将法兰的外边缘用上述工具冲击塑性变形，如图3-64所示。这种内凹的局部塑性变形就使得铜丝固定在法兰间隙内，冲击凹点的间隔及数量视法兰的外径而定，一般间隔可控制在40~80mm之间，这时铜丝就不会被泄漏的压力介质或泄漏作业时的注剂所产生的力挤出。铜丝全部放入，捻缝结束后，即可连接高压注剂枪进行堵漏作业。注入密封注剂的起点，应选在泄漏点的相反方向、无泄漏介质影响的地点，依次进行，最后一枪应在泄漏点附近结束。这样可使较大的注剂压力集中作用在泄漏缺陷部位上，有利于强行止住泄漏介质。泄漏一旦停止，注入密封注剂的过程即告结束，不可强行继续注入，以免把铜丝挤出或把密封注剂注射到泄漏设备或管道之中。

当螺栓孔与螺栓杆之间的间隙很小，密封注剂难以通过此间隙到达铜丝与法兰间隙组成的新的密封空腔时，则采用在泄漏法兰上直接开设注剂孔的方法加以解决。当泄漏法兰较厚时，采取如图3-65所示的注剂方法。当泄漏法兰较薄时，无法在法兰上直接钻孔攻丝，则可采用法兰边缘注剂法，如图3-66所示。

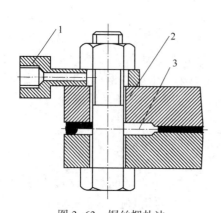

图 3-63　铜丝捆扎法

1—螺栓专用注剂接头；2—注剂通道：3—封闭空腔

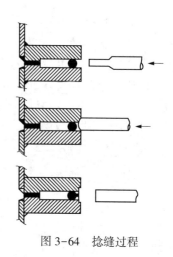

图 3-64　捻缝过程

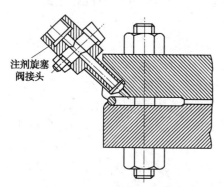

图 3-65　铜丝捻缝围堵法

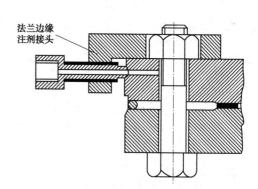

图 3-66　法兰边缘注剂法

　　进行现场钻孔操作的要求：当选择钻孔的位置和钻孔的大小时，不应降低原结构强度和使用要求；钻孔的位置，在钻通之前必须预先设置注剂阀；当在法兰上钻孔时，孔的位置不得在法兰螺孔中心线之内，并不得钻伤法兰螺栓；钻孔现场必须符合动火用电的要求；在易燃易爆介质装置上钻孔时，必须使用气钻，用饱和水蒸气或惰性气体吹扫泄漏介质于钻孔位置的另一侧，防止钻孔时钻头上产生火花、静电或高温；钻孔施工操作人员必须佩戴防护眼镜或面罩，站在钻孔位置的侧面进行操作，旁边不得有其他人员。

二、直接捻缝围堵法

　　当两法兰的连接间隙小于1mm，并且整个法兰外圆的间隙量比较均匀，泄漏介质压力低于4.0MPa，泄漏量不是很大时，可以采用手锤、偏冲或风动工具直接将法兰的连接间隙铲严，再用螺栓专用注剂接头或在泄漏法兰上开设注剂孔方法，这样就由法兰本体通过捻严而直接组合成新的密封空腔，然后通过螺栓专用注剂接头或法兰上新开设的注剂孔把密封注剂注射到新形成的密封空腔内，达到止住泄漏的目的。

　　当螺栓孔与螺栓杆之间的间隙较大，密封注剂能够沿此通道顺利注入到密封空腔内时，可以在拆下的螺栓上直接安放一个螺栓专用注剂接头，如图3-67所示。螺栓专用注剂接头的数量可视泄漏法兰的尺寸及泄漏点的情况而定，但一般不少于两个。螺栓专用注剂接头作用是将高压注剂枪与泄漏法兰连为一体，组成注剂通道，并在未注射密封注剂之前排放泄漏介质。安装螺栓专用注剂接头时，应当松开一个螺母后，立刻装好注剂接头，迅速重新拧紧螺母，然后再安装另一个螺栓专用注剂接头。绝对不可同时将两个螺母松开，以免造成垫片上的密封比压明显下降，泄漏量增加，甚至会出现泄漏介质将已损坏的垫片吹走，导致无法弥补的后果。必要时可在泄漏法兰上增设G形卡子，用以维持垫片上的密封比压的平衡。螺栓专用注剂接头按所需数量安装完毕后，即可进行捻缝作业，可以先捻泄漏点处的间隙，依次向两边进行，直到整个法兰全部捻严，如图3-68所示。下一道工序就可进行连接高压注剂枪进行堵漏作业。注入密封注剂的起点应选在泄漏点的相反方向，无泄漏介质影响的地点，依次进行，最后一枪应在泄漏点附近结束。这样做可使较大的注剂压力集中作用在泄漏缺陷部位上，有利于强行止住泄漏介质。泄漏一旦停止，注入密封注剂的过程即告结束。

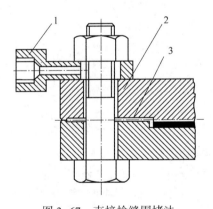

图3-67　直接捻缝围堵法
1—螺栓专用注剂接头；2—注剂通道；3—密封空腔

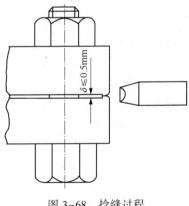

图3-68　捻缝过程

三、钢带围堵法

　　当两法兰之间的连接间隙不大于8mm，泄漏介质压力小于2MPa时，可以采用钢带围堵法进行堵漏作业。这种方法对法兰连接间隙的均匀程度没有严格要求，但对泄漏法兰连接的同轴度有较高的要求。该法注剂通道的构成及连接高压注剂枪的方式与"铜丝捻缝围堵法"完全相同。拉紧固定钢带的方式有螺栓紧固式和钢带拉紧器紧固式两种。

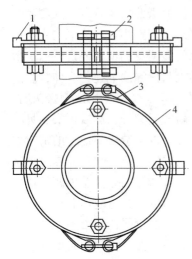

图 3-69　钢带围堵法
1—螺栓专用注剂接头；2—内六角螺栓；
3—过渡垫片；4—钢带

（一）螺栓紧固式

螺栓紧固式的基本结构如图 3-69 所示。钢带的厚度一般可在 1.5~3.0mm 左右，宽度在 25~30mm 之间，内六角螺栓的规格为 M10~M16。制作钢带可以采用铆接或焊接，过渡垫片可以采用与钢带同样宽度和厚度的材料制作。作业时，首先松开与泄漏点方向相反位置上的一个螺母，观察螺栓与螺栓孔之间的间隙量，看一看能否使密封注剂顺利通过，然后再根据法兰尺寸的大小及泄漏情况，确定安装螺栓专用注剂接头的个数，螺栓专用注剂接头安好后，即可起到排放泄漏介质压力的作用，下一步即可安装钢带。安装钢带时，应使钢带位于两法兰的间隙上，全部包住泄漏间隙，以便形成完整的密封空腔。穿好 4 个内六角螺栓后，拧上数扣，之后将两片过渡垫片加入，继续拧紧内六角螺栓，直到钢带与

泄漏法兰外边缘全部靠紧为止，这时即可连接高压注剂枪进行堵漏作业。如果发现钢带与泄漏法兰外边缘不能良好地靠紧时，可以采用尺寸略大于泄漏法兰间隙的石棉盘根，在没有安装钢带之前，首先在法兰间隙上盘绕一周后，用锤子将其砸入法兰间隙内，然后再安装钢带；也可以采用 2mm 厚、25mm 宽的石棉橡胶板在泄漏法兰外边缘盘绕一周或用 4~6mm 厚的相应铅皮在泄漏法兰外边缘上盘绕一周，注意接头处要避开泄漏点，然后再安装钢带。当法兰的连接间隙的均匀程度较差，两法兰的外边缘又存在一定的错口时（两法兰装配不同轴），采用后一种铅皮盘绕的方法，能很好地弥补缺陷。加好钢带紧固后，还可以继续捻砸铅皮，直到封闭好为止。无法在螺栓孔处注入密封注剂时，则可在泄漏法兰外边缘上开好注剂孔后，再安装钢带进行堵漏作业。

（二）钢带拉紧器紧固式

钢带拉紧器紧固式适用于系统压力不大于 2MPa 的管道壁泄漏和法兰垫片泄漏。钢带拉紧器是专门用来拉紧钢带的机具，其结构如图 3-70 所示。钢带拉紧器的主要用途为动态密封（带压堵漏）、捆扎材料、零部件、器材，打包，紧固

胶管接头。特点是体积小、重量轻、拉力大、用途广泛、操作方便。

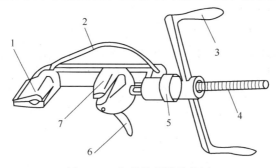

图3-70 钢带拉紧器结构图

1—扁嘴；2—切割手柄；3—转动把手；4—丝杠；5—推力轴承；6—压力杆；7—滑块

使用方法如下：

（1）将钢带卡套在钢管上，其长度按钢管外周长及接扣长度截取，如图3-71（a）所示。

（2）将钢带尾端15mm处折转180°，钩住钢带卡，然后将钢带首端穿过钢带卡并围在泄漏部位外表面上，如图3-71（b）所示。

（3）使钢带穿过钢带拉紧器扁嘴，然后按住压紧杆，以防钢带退滑，如图3-71（c）所示。

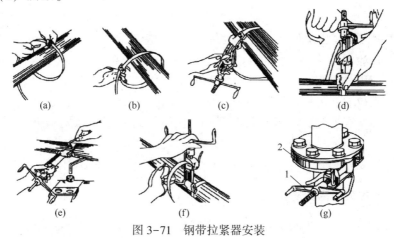

图3-71 钢带拉紧器安装

1—钢带；2—钢带拉紧器

（4）转动拉紧手把，施加紧缩力，逐渐拉紧钢带至足够的拉紧程度，如图3-71（d）所示。

（5）锁紧钢带卡上的紧定螺钉，防止钢带滑松，如图3-71（e）所示。

（6）推动切割把手，切断钢带，拆下钢带拉紧器，如图3-71（f）所示。

供这种钢带拉紧器使用的钢带厚度为 0.5mm，宽为 25mm。钢带拉紧器用于法兰堵漏作业安装后的情况，如图 3-71（g）所示。

钢带拉紧器紧固式堵漏作业的注剂通道一般由法兰螺栓孔、螺栓专用注剂接头或法兰边缘注剂接头构成，其作业程序与螺栓紧固式相同。采用直接捻缝围堵法、铜丝捻缝围堵法和钢带围堵法进行堵漏作业具有简便灵活，消除泄漏所需时间短的特点。但特别应当注意的是，在松开泄漏法兰连接螺母时，应采取必要的保护措施。最简便的方法是在泄漏法兰上加设 G 形卡具，如图 3-72 所示。操作步骤是首先将 G 形卡具安装在要拆的螺栓附近，然后拧紧 G 形卡具上的定位螺杆，再松开法兰连接螺母，这时 G 形卡具即可起到连接螺母的作用，可以使法兰垫片上的密封比压不至于下降的过多。安装好螺栓专用注剂接头后，即可拆下 G 形卡具，直到全部注剂接头安装完毕为止。

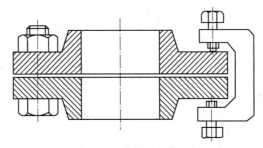

图 3-72　G 形卡具加固

采用钢带围堵法消除法兰垫片泄漏的施工，应符合下列要求：

（1）在泄漏点处和离泄漏点最远的连接螺栓处应至少装入两个螺栓接头。

（2）应用盘根在法兰间隙之间缠绕密封。

（3）用拉紧器把钢带拉紧在法兰外圆周上。

（4）当在螺栓接头注入密封注剂时，应按密封注剂注入要求进行，直至消除泄漏。

（5）当装入和卸下螺栓接头时，必须用 G 形卡具，在螺栓附近卡紧后进行。

四、法兰夹具密封堵漏法

当泄漏法兰的连接间隙大于 8mm，或法兰连接间隙小于 8mm，但泄漏介质压力大于 2.5MPa，以及泄漏法兰存在偏心、两连接法兰外径不平行等安装缺陷时，从安全可靠角度考虑，应当设计制作法兰夹具。这种法兰夹具的加工尺寸较为精确，安装在泄漏法兰上后，整体封闭性能好，堵漏密封作业的成功率高，是注剂式带压堵漏技术中应用最广泛的一种夹具。各种法兰夹具如图 3-73 至图 3-82 所示。

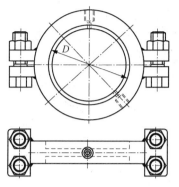

图 3-73　标准法兰夹具结构

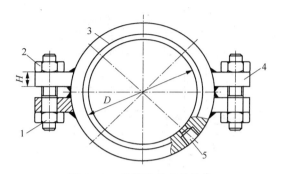

图 3-74　凸形法兰夹具结构

1—螺栓；2—螺母；3—卡环；4—耳子；5—注剂孔

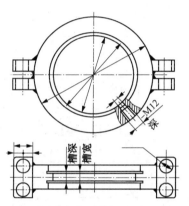

图 3-75　O 形圈密封增强标准法兰夹具结构

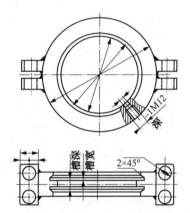

图 3-76　金属条密封增强标准法兰夹具结构

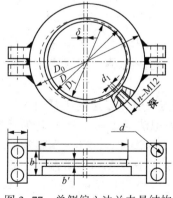

图 3-77　单侧偏心法兰夹具结构

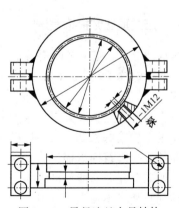

图 3-78　异径法兰夹具结构

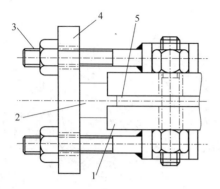

图 3-79　局部法兰夹具安装

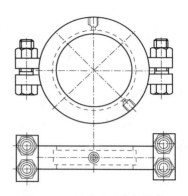

图 3-80　凹形法兰夹具结构

1—泄漏法兰；2—法兰局部夹具；

3—定位螺栓；4—支承板；5—端部密封块

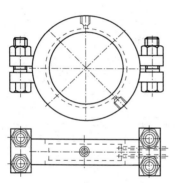

图 3-81　孔板法兰夹具结构

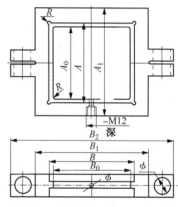

图 3-82　方形法兰夹具结构

五、法兰顶压粘接堵漏法

通常情况下，如果法兰是在较大的圆弧区域内出现大范围泄漏，就很有可能是法兰连接螺栓松动，此时，只要把松动的螺栓重新紧固一下就能达到消除泄漏的目的。

当法兰发生点状泄漏时，采取紧固螺栓的方法就难以达到堵漏的目的，必须采用顶压粘接堵漏法进行处理，其过程：首先把法兰顶压工具固定在泄漏法兰上，准备好一段石棉盘根，将这段石棉盘根在事先调配好的环氧树脂胶液中浸透一下，如果泄漏介质能使环氧树脂溶解，那么就得选择其他不被泄漏介质所溶解的胶黏剂胶液或不浸胶液，正对着泄漏处将这段浸胶盘根压入法兰连接间隙内（当泄漏量较大或泄漏介质有较强的溶解性、腐蚀性，盘根难以放入时，可以改用铅条），用锤子将浸胶盘根打入法兰间隙内，迅速将顶压块装好，如图3-83所示，然后把顶压螺杆对准顶压块的定位圆孔，旋转顶压螺杆，这时通过顶压螺杆及顶压块，就会把浸胶石棉盘根紧紧地压到泄漏点处，迫使泄漏停止。泄漏一旦止住，就可以对泄漏法兰按粘接技术的要求进行必要的处理，主要是清除影响粘接效果的油污、疏松的铁锈及进行脱脂处理，再用事先配制好的胶黏剂胶泥填塞满顶压块的周围，待胶黏剂胶泥完全固化后，撤除顶压工具。当然根据泄漏点的温度选择专用堵漏胶，在现场按说明比例进行配制，使用起来更为方便。

法兰泄漏的顶压工具主要有以下三种：

（1）双螺杆定位紧固式，如图3-84所示。图中1和4是定位螺杆，它的前端有一圆形钢块，当螺杆旋转时，它只做轴向移动而无转动，这样它就能很好地把顶压工具固定在泄漏法兰上，用两个这样的螺杆可以调整顶压螺杆的位置，使它能准确地对正泄漏法兰的间隙处，顶压螺杆主要作用是把螺旋力通过顶压块及浸胶石棉盘根转化为止住泄漏的外力，迫使泄漏停止。这种工具的主要材料可选用45#钢，螺杆选用M12～M16即可。

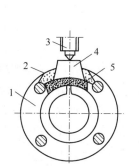
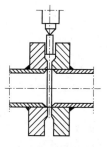
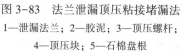
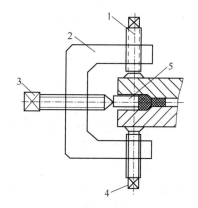

图3-83　法兰泄漏顶压粘接堵漏法　　　　图3-84　双螺杆定位紧固式顶压工具
1—泄漏法兰；2—胶泥；3—顶压螺杆；　　　　1，4—定位螺杆；2—顶压工具；
4—顶压块；5—石棉盘根　　　　　　　　　3—顶压螺杆；5—顶压块

（2）双吊环定位式，如图3-85所示。它主要由两部分组成：第一部分是主杆，主杆的中部是带有螺纹的方形结构，以便安装顶压螺杆，顶压螺杆的作用同双螺杆紧固式，主杆的两端部有两个螺钉及限位铁块，它们的作用是防止定位环脱落；第二部分是定位环，定位环的下部是一个圆弧形状的钢环，这个圆弧钢环在使用时，可安放在泄漏法兰相邻两连接螺栓的中间，使整个顶压工具固定在泄漏法兰上，定位环在主杆上可以根据泄漏法兰的厚度来回移动，而使顶压螺杆处于两法兰的间隙位置上，定位环一旦在主杆上确定了位置，就可以通过旋转紧固螺钉而固定。双吊环定位式顶压工具安装于泄漏法兰上的情况如图 3-86 所示。这种顶压工具根据法兰的规格及两法兰相邻连接螺栓的间距做成各种规格种类，一旦发生法兰泄漏，就可以有充分的选择余地。该顶压工具可采用 20# 钢制作，定位环可采用焊接工艺，整个顶压工具做完后应进行防腐处理。

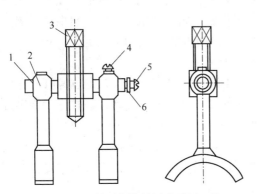

图 3-85　双吊环定位紧固式顶压工具

1—主杆；2—定位环；3—顶压螺杆；

4—紧固螺钉；5—螺钉；6—限位铁块

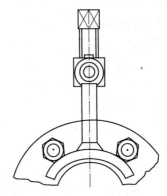

图 3-86　双吊环定位紧固式

顶压工具安装

（3）钢丝绳定位式，如图 3-87 所示。定位钢丝绳一般采用由 $\phi 3 \sim \phi 5mm$ 钢丝绳即可。它的作用是使主杆通过旋转顶压螺杆而牢固地定位在泄漏法兰上，主杆中间是螺纹，两端设有圆形通孔的方形钢块，丝扣用于安装顶压螺杆，圆形通孔用于穿过定位钢丝绳。通过旋转顶压螺杆而使钢绳张紧，同时将这个力通过顶压块、浸胶盘根而迫泄漏停止。图 3-88 所示为钢丝绳定位式顶压工具固定在泄漏法兰上的情况，安装时先将钢丝绳卡子松开，把钢丝绳圆环调节到合适的长度再拧紧，把一段浸有胶黏剂胶液的石棉盘根或铅条压入泄漏法兰的连接间隙内，装上顶压块，用手锤向里敲紧，这时泄漏会明显减小，甚至达到不漏的程度，迅速把钢丝绳的两个圆环套在泄漏法兰相邻的两个螺栓上，并使顶压螺杆的尖头对准顶压块的定位孔上，旋转顶压螺杆，而使泄漏停止，再用事先调配好的胶黏剂胶泥或合适的堵漏胶填塞在顶压块的四周，待胶黏剂固化后，就可以拆去顶压工具。

在具体带压粘接堵漏操作时，如果法兰泄漏量较小，可先将一段胶泥压入泄漏法兰间隙内，再在其上放入一段事先浸透胶液的盘根；如果法兰泄漏量较大，无法直接压入胶泥时，则直接把浸透胶液的盘根材料压入。然后用厚度小于泄漏法兰连接间隙的扁钢或如图 3-89 所示的扁冲，配合锤子，把已塞入泄漏法兰间隙内的浸胶盘根打实，达到暂时止漏或减小泄漏量的作用。最后，再放入一段胶

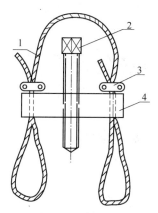

图 3-87　钢丝绳定位紧固式顶压工具
1—定位钢丝绳；2—顶压螺杆；3—卡子；4—主杆

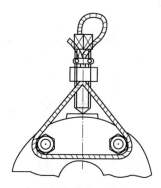

图 3-88　钢丝绳定位紧固式顶压工具安装

图 3-89　扁冲结构

泥，把顶压块放在胶泥上，顶压块与泄漏法兰两侧的配合间隙在 0.5mm 左右，马上安装好顶压工具，使顶压螺杆的尖端对准顶压块的定位孔，旋转顶压螺杆，使顶压块紧紧地压向浸胶石棉盘根，迫使泄漏停止。这时多余的胶泥会被挤出，从而自然充满顶压块和法兰的间隙内，再用胶泥把顶压块四周的空间填塞灌满，待全部胶泥固化后，即可撤出顶压工具。如果法兰有多个泄漏点存在，则应当按照处理一个泄漏点的步骤，一个一个地消除，为了保险起见，应当对没有泄漏的部分也放入一段浸胶盘根打实，即对整个泄漏法兰进行一次粘接密封，这样做能保证堵漏作业的可靠性及使用寿命。

第四章　应急抢修的安全管理

第一节　带压密封堵漏安全管理

一、油库单位的安全管理

（1）必须选定具有相应资质的施工单位。

（2）油库应在保证安全的条件下，协助施工单位对泄漏部位进行现场勘测、数据分析，共同确认现场进行带压密封工程作业的决定。

（3）油库应负责填写并签发带压密封工程安全检修任务书，内容包括：生产单位、装置、设备、位号、泄漏部位等名称；泄漏介质名称，泄漏介质压力、温度及缺陷情况；采取的安全防护措施；泄漏岗位人员、业务处长、油库主任等应确认所填内容并签字；上级主管部门应审批并签字。

（4）油库应协助施工单位办理带压密封工程作业所涉及的各种特殊作业的票证。

（5）油库应负责审批带压密封工程安全检修任务书、施工方案和安全评价报告。

（6）带压密封工程作业前，油库必须对带压密封工程现场施工作业人员进行安全技术交底，内容包括：泄漏介质压力、温度及危险特性；泄漏设备的操作参数和工艺生产特点；泄漏周围存在的危险源情况；安全通道、安全注意事项、救护方法和必须穿戴的劳保防护用品等。

（7）油库负责填写带压密封工程施工安全评价报告，并提供作业现场必备的专用安全防护器材和消防器材。

（8）生产单位应配合施工单位做好带压密封工程作业现场的通风、稀释和照明，配备的通风和照明工具应符合现场安全使用要求。

（9）油库在带压密封工程作业前，必须对用电、动火、高空作业及所有票证进行终审、签字后，方可下达作业指令。

（10）油库在带压密封工程施工时，油库主任及各级岗位的有关人员应到现场，配合施工单位做好安全和救援工作。

（11）当进行高处带压密封作业时，油库应协助施工单位设计、架设安全可靠带防护围栏的操作平台和安全通道。

（12）油库应负责监督、检查带压密封工程施工作业的全过程，并及时制止违章操作。

（13）当带压密封结构发生泄漏时，油库必须通知原施工单位进行处置，并按作业要求重新办理带压密封工程作业所需的一切手续。

（14）带压密封工程作业所涉及的各种签证文件，均应保存到该密封结构彻底拆除后。

二、施工单位的安全管理

（1）从事带压密封工程的施工单位应具备下列条件：

① 必须取得省级以上相应的施工资质；

② 至少应有一名具有注册安全工程师执业资格的专职安全技术负责人；

③ 必须具有至少一名以上取得中级以上专业技术职称的带压密封工程设计人员；

④ 对带压密封工程所用工器具应执行定检制度，保证其处于完好状态；

⑤ 应配备必要的泄漏检测设备；

⑥ 带压密封工程作业人员必须经过专业技术培训，且不少于 5 人取得合格证。

（2）施工单位必须根据油库签发的带压密封工程安全检修任务书的内容规定进入现场，并遵照泄漏部位现场勘测的规定，对泄漏部位进行现场勘测。

（3）施工单位应根据泄漏部位现场勘测的具体情况，制定带压密封工程施工和安全评价报告，报油库审批。

（4）施工单位根据带压密封工程作业的需要，向油库申请、办理、领取各种特殊作业所需的票证。

（5）带压密封工程动工前，一切票、证、书必须经过相关部门审批、签字、确认并分析合格，在接到油库下达的作业指令后，方可动工。

（6）带压密封工程施工人员必须接受油库安排的现场安全技术交底，全面了解和掌握泄漏介质、泄漏设备和周围环境的情况。

（7）带压密封工程施工项目技术负责人必须根据施工方案，在作业前对现场作业人员进行技术和安全措施交底，内容包括：从施工的角度介绍泄漏设备参数和泄漏介质特性；带压密封夹具设计情况和安装要求；注剂工器具的安全操作要求；讲解安全评价报告内容；逐条讲解安全措施；不经技术和安全交底的带压密封工程项目不得施工，施工人员有权拒绝施工。

（8）施工单位所使用的带压密封工程施工器具，必须定期通过法定计量检定机构的计量检测，使用前应处于完好状态。

（9）施工单位应根据泄漏介质的温度、压力、毒性、燃爆性、腐蚀性等因素，配备符合国家现行标准规定的安全防护用品。

（10）当施工单位使用油库的现场器材时，必须征得油库有关人员的同意，并在油库有关人员监护下使用。

（11）当施工单位采用惰性气体、压缩空气、蒸汽、水对泄漏部位或注剂进行稀释、降温、加热时，必须征得油库同意，并在油库有关人员指挥下，架设专用管线。

（12）施工单位在带压密封工程施工过程中，发生意外情况时，应及时与油库有关部门联系，共同处置。

（13）带压密封工程施工结束后，施工单位应负责对作业现场进行清理。

（14）当带压密封结构发生泄漏时，施工单位必须重新办理带压密封工程作业所需的一切票证。

（15）施工单位应妥善保存好带压密封工程作业过程中所办理的各种票证和签证文件。

三、施工人员的安全管理

（1）带压密封工程施工人员必须依据泄漏现场的实际情况，佩戴防火、防爆、防毒、防静电、防烫、防坠落、防碰伤、防噪音、防打击、防尘等安全防护用品，安全防护用品的质量必须符合国家现行标准的规定。

（2）带压密封工程作业人员头部的防护，应根据泄漏介质、压力、温度佩戴防护帽、安全帽或防护头罩。

（3）带压密封工程作业人员眼、面部的防护，应根据泄漏介质化学性质、压力、温度佩戴防护眼镜和防护面罩。

（4）带压密封工程作业现场有毒物质超过《工业企业设计卫生标准》（GBZ 1—2010）的规定限值时，应按照油库防毒要求佩戴相应的防毒面具。

（5）带压密封工程的作业人员，应根据油类泄漏介质的性质佩戴耐油手套。

（6）带压密封工程的作业人员，应根据泄漏介质温度穿戴阻燃防护服。

（7）油库带压密封工程作业人员应穿戴防静电服和抗油拒水服。

（8）油库带压密封工程作业人员应穿戴防静电鞋和耐油防护鞋。

（9）当作业人员处置易燃介质泄漏时，除了穿戴安全防护用品外，所使用的防爆用扳手、防爆用錾子、防爆用检查锤等作业器具必须符合国家相关标准的规定，严禁施工时产生静电或火花。

（10）当带压密封工程施工坠落高度在基准面2m及2m以上进行时，应遵守

《高处作业分级》（GB/T 3608—2008）的有关规定。

（11）带压密封工程施工现场应设置明显的警示标志，无关人员不得进入施工地点。

第二节　带压粘接堵漏安全管理

带压粘接堵漏技术是在动态条件下，利用胶黏剂的特殊性能进行堵漏作业的一种技术手段。带压粘接堵漏是在储输油设备带油、带温、带压的情况下进行作业，整个堵漏过程始终受到介质温度、压力、振动、冲刷的影响。同时，带压粘接堵漏所选用的胶黏剂或堵漏胶都是由胶料、固化剂、填料、溶剂、增塑剂、偶联剂、稳定剂等组成的，大多数为有机化合物，部分对人体有毒害作用，有的易燃易爆，有的则具有腐蚀性。因此，加强对带压粘接堵漏作业人员的安全防护十分重要。

一、带压粘接堵漏作业防中毒

（一）毒性的分类

毒性是某些化学物质侵入人体而引起正常生理机能破坏以至死亡的一种性质。评价毒性大小的指标常用半数致死量 LD_{50}，就是将毒物给一组动物（如鼠、兔、狗等）口服或注射，能使半数动物死亡的剂量，也称致死中量，单位为 mg/kg。LD_{50} 数值越小，毒性越大；反之 LD_{50} 越大，毒性越小。按照 LD_{50} 的数值，可将毒性进行大致分类，见表4-1。

表4-1　毒性的一般分类

毒性级别	毒性程度	大鼠一次口服 LD_{50}（mg/kg）	兔涂皮时 LD_{50}（mg/kg）	人的可能致死量（g）
1	剧毒	≤1	≤5	0.06
2	高毒	1~50	5~43	4
3	中毒	50~500	44~340	30
4	低毒	500~5000	350~2810	250
5	实际无毒	5000~15000	2820~22590	1200
6	无毒	≥15000	≥22600	>1200

（二）胶黏剂、堵漏胶组分的毒性

（1）环氧树脂胶黏剂、堵漏胶的毒性。双酚 A 型环氧树脂是低分子聚合物，本身可以认为基本无毒。工业生产的环氧树脂含有少量的未参加反应的环氧氯丙烷等游离单体，就使环氧树脂呈现一定的毒性，其 LD_{50} 为 11400mg/kg。若对环氧树脂加热，挥发物增多，毒性增大，主要表现为对眼睛、呼吸道黏膜及皮肤的刺激。但由于环氧树脂中环氧氯丙烷（其 LD_{50} 为 90mg/kg）含量较低，至今尚未发现双酚 A 环氧树脂引起中毒的现象。环氧树脂所用的固化剂如胺类固化剂等是有毒的，所加的稀释剂多数也有毒。环氧树脂常用固化剂和活性稀释剂的毒性如表 4-2 所示。

表 4-2 环氧树脂常用固化剂、活性稀释剂的毒性

序号	名 称	毒性级别	对人的毒害
1	乙二胺	低毒接近中毒	皮肤过敏、红斑、哮喘
2	二乙烯三胺	低毒	皮肤过敏、红斑、哮喘
3	β-羟乙基二胺	低毒接近实际无毒	皮肤过敏、红斑、哮喘
4	间苯二胺	中毒接近高毒	神经中毒、皮炎、哮喘
5	邻苯二甲酸酐	低毒	对眼睛、呼吸道有刺激
6	顺丁烯二酸酐	中毒	对眼睛、呼吸道有刺激
7	咪唑	低毒	毒性很低
8	600 号稀释剂	低毒	皮炎、哮喘

（2）酚醛树脂胶黏剂、堵漏胶的毒性。酚醛树脂是将酚类和醛类在酸性或碱性介质中通过缩聚反应而得到的高分子化合物，本身可以认为是基本无毒的。但实际上，酚醛树脂中不可避免地残留部分游离单体。因此，酚醛树脂的毒性主要来源于酚、醛和溶剂。苯酚的 LD_{50} 为 530mg/kg，属低毒接近中毒，主要危害是灼伤皮肤及损害中枢神经。甲醛的 LD_{50} 为 500mg/kg，介于中毒与低毒之间。甲醛有强烈的刺激作用，会引起鼻炎、咽炎和过敏性皮炎。

（3）聚丙烯酸酯树脂胶黏剂、堵漏胶的毒性。热塑性丙烯酸酯、反应型丙烯酸酯树脂实际无毒或基本无害，其单体有些是低毒的。

（4）橡胶胶黏剂、堵漏胶的毒性。此类产品的毒性主要来自促进剂、防老剂和溶剂。

（5）热熔胶的毒性。常用的热熔胶，由于主体成分都是高分子化合物，又不含溶剂，所以都是基本无害或实际无毒的。因此这类胶黏剂对人体和环境危害最小。

（6）常用溶剂的毒性。常用溶剂及单体的毒性见表 4-3。

表 4-3 有毒溶剂最高允许浓度

有毒溶剂	最高允许浓度（mg/m³）	有毒溶剂	最高允许浓度（mg/m³）
氨	20	丁醇	200
丙酮	200	苯酚	5
苯胺	5	甲醛	5
苯	50	氯代苯	5
甲苯	100	二氯乙烷	50
二甲苯	100	四氯化碳	50
硝基苯	5	乙醚	300
溶剂轻汽油	100	乙酸乙酯	200
溶剂汽油	300	乙酸丁酯	200

（三）主要中毒途径

毒性物质危害人体主要通过下列三种途径：

（1）呼吸道。胶黏剂或堵漏胶成分中有刺激性的挥发物以及填料的粉尘等吸入呼吸道后，被肺泡吸收，可不经肝脏的解毒作用直接进入血液，流经全身，危害很大。

（2）皮肤和黏膜。在胶黏剂或堵漏胶的配制或使用过程中，两者的成分污染皮肤，并有可能经毛孔通过皮脂腺而被吸收；有的腐蚀或烧伤皮肤再渗入人体。经过皮肤或黏膜侵入的毒物，没有经过肝脏的解毒作用，而随血液流过全身。

（3）消化道。由于误食胶黏剂或堵漏胶成分或呼吸道吸入毒物黏附在鼻咽被吞咽。此外，在粘接施工现场饮食、喝水，因食物上沾有毒物从而进入肠道，被小肠吸收，一部分到肝脏，一部分随粪便排出，只有一少部分进入血液。因此，毒性影响较小。

（四）中毒的症状

（1）皮炎、湿疹型。这是最常见的皮肤反应，大量接触尿醛树脂胶黏剂、酚醛树脂胶黏剂、胺固化环氧树脂胶黏剂等，都会引起皮肤反应。其主要表现为出现水肿性红斑、丘疹或水疱等。发病部位一般是面、颈、手和前臂。症状是感觉瘙痒、灼热或疼痛，一周左右即可消退。如继续接触同类胶黏剂或堵漏胶可反复发作，经久不愈。

（2）皮肤、黏膜溃疡型。常因直接接触环氧树脂活性稀释剂等某些刺激性强的化学物品引起皮肤出现疤疹、芝麻粒到黄豆大小的溃疡等，重者可导致局部皮肤坏死。

（3）呼吸道及眼部症状。最常见的有喉痛、发干、发痒、胸闷、咳嗽、流泪、眼结膜红肿等，严重者可发生中毒性支气管炎和支气管肺炎。

（4）神经系统症状。短期内吸入较高浓度对神经系统有毒的毒物，如苯乙烯、环己酮、苯类、三氯乙烷等，可引起头晕、头痛、乏力或恶心、呕吐。严重的可有步态蹒跚、视力模糊、神智迟钝甚至昏迷抽搐等症状。长期接触毒物可引起头晕、失眠、健忘、多梦、食欲减退等现象。

（5）肝脏病变及白细胞减少症。长期接触各种毒物，可损害人的肝脏机能，引起肝脏病变和白细胞减少症状。

（五）防中毒措施

带压粘接堵漏技术中所采用的胶黏剂毒性较低，且堵漏作业所用的数量较少，使用是较为安全的，但也应当注意。

（1）配制胶黏剂或堵漏胶时要按使用说明书要求进行，要用专用工具配制，尽量避免用手直接接触药物，要戴口罩、穿工作服、戴防护手套或使用液体手套。工作结束后，要立即洗手。

（2）堵漏作业所选用的胶黏剂有些品种是易燃、易爆的，此类物品要加强通风排气，不准在操作现场出现明火；堵漏胶是专用产品，具有阻燃性，但产品本身是可燃物，应加强防火管理。

（3）施工现场禁止进食和吸烟。

（六）中毒的急救方法

（1）要有对重大事故快速应急反应和处置能力，以免当事故发生时无计可施、手足失措。

（2）如果胶液沾到手或皮肤上，可用丙酮、乙醇等溶剂清除，溶剂量不能太大。

（3）皮肤被苯酚烧伤时可用饱和硫酸钠溶液湿敷，若是溅入眼内须用大量水冲洗。

（4）急性呼吸系统中毒者，及时将其迅速离开现场，移至通风良好地方，放低头部，使其侧卧。若出现休克、虚脱，应进行人工呼吸。

（5）有中毒症状者应该很好地治疗。

（6）若有突发事故苗头，一定要沉着不慌，立即采取应急措施，将事故消灭在萌发之时，防止酿成大祸。

（7）一旦事故严重发生，迅速撤离现场，减少人身伤亡。

二、带压粘接堵漏作业安全注意事项

（1）带压粘接堵漏作业人员必须经过专门的培训，经理论和实际操作考核合格后，方可上岗作业。

（2）指定专门的技术人员，负责组织现场观测，制定安全作业措施。

（3）制定施工方案的技术人员应全面掌握各种泄漏介质的物理、化学参数，特别要了解有毒有害、易燃易爆介质的物化参数。

（4）对危险程度大的泄漏点，应由专业人员作出堵漏作业危险度分析和预测，按规定交由有关部门审批后，方可施工。

（5）堵漏现场必须有安全员监督指导。

（6）堵漏施工人员必须遵守防火、防爆、防静电、防化学品爆燃、防坠落、防碰伤、防噪声等国家有关标准，法规的规定。

（7）在坠落高度基准面 2m 以上（含 2m）进行堵漏作业时，必须遵守高空作业的国家标准，并根据堵漏作业的特点，架设带防护围栏的防滑平台，同时设有便于人员撤离泄漏点的安全通道。

（8）作业时，堵漏作业人员必须配戴适合带压粘接堵漏技术特殊需要的带有面罩的安全帽，穿防护服、防护鞋、防护手套、防静电服和防静电鞋。使用防护用品的类型和等级，由泄漏介质性质和温度压力来决定。按有关国家标准和行业规定执行。

（9）动态粘接密封有毒介质时，须戴防毒面具，过滤式防毒面具的配备与使用必须符合 GB 2890—2009《呼吸防护 自吸过滤式防毒面具》的规定。其他种类防毒面具按现场介质特性确定。

（10）泄漏现场的噪声高于 110dB 时操作人员须配戴防噪声耳罩，同时需经常与监护人保持联系。

（11）堵漏易燃、易爆介质时，要用水蒸气或惰性气体保护，用无火花工具进行作业，检查并保证接地良好。操作人员要穿戴防静电服和导电性工作鞋，不允许在施工操作时产生火花。

（12）封堵易燃易爆泄漏介质需要钻孔时，必须从下列操作法中选择一种以上的操作法。

① 冷却液降温法。在钻孔过程中，冷却液连续不断地浇在钻孔表面上，降低温度，使之无法出现火花。

② 惰性气体保护法。在钻孔部位用惰性气体保护也可起到良好的防火花效果。

（13）堵漏作业时施工操作人员要站在泄漏处的上风口，或者用压缩空气或水蒸气把泄漏介质吹向一边，避免泄漏介质直接喷射到作业人员身上，保证操作安全。

（14）按粘接技术要求处理泄漏缺陷表面时，同样要执行上述规定。

第三节　油库设备应急抢修防护装备

油库设备应急抢修中，由于是在带油、带压、带温条件下作业，接触各种胶黏剂、密封剂等化学品，有一定的危害性。因此，配备必要的个人防护装备，做好作业人员的安全防护十分重要。

个人防护装备是指人们在生产和生活中为防御各种职业毒害和伤害而在劳动过程中穿戴和配备的各种用品的总称，亦称个人劳动防护用品或个体劳动保护用品。个人防护装备是保护职工安全与健康所采取的必不可少的辅助措施，也是劳动者防止职业毒害和伤害的最后一项有效措施。

依据《劳动防护用品标准体系表》规定，按人体防护部位将用品划分为十大类：头部护具类、呼吸护具类、眼（面）护具类、听力护具类、防护手套类、防护鞋类、防护服类、护肤用品类、防坠落护具类和其他防护装具品种。

从职业卫生角度考虑，劳动防护用品分为七类：头部防护类、呼吸器官防护类、眼（面）防护类、听觉器官防护类、手足防护类、防护服类和防坠落类。

一、头部防护装备

油库设备应急抢修中，头部可能受到的伤害包括物体打击伤害、高处坠落伤害、机械性损伤等，头部防护主要选择安全帽。安全帽又称安全头盔，主要由帽壳和帽衬两大部分组成（图4-1），其防护作用就在于当作业人员受到坠落物、硬质物体的冲击或挤压时，减少冲击力，消除或减轻其对人体头部的伤害。从理论上讲就是在冲击过程中，即从坠落物接触头部开始的瞬间，到坠落物脱离开帽壳的过程，安全帽的各个部件（帽壳、帽衬、插口、拴绳、缓冲垫等）首先将冲击力分解，然后通过各个部分的弹性变形、塑性变形和合理破坏将大部分冲击力吸收，使最终作用在人体头部的冲击力小于4900N，从而起到

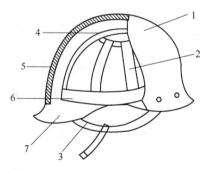

图4-1　安全帽结构示意图
1—帽体；2—帽衬分散条；3—系带；
4—帽衬顶带；5—吸收冲击内衬；
6—帽衬环形带；7—帽檐

保护作用。安全帽的这一性能叫冲击吸收性能，它是判定安全帽合格与否的重要指标之一。

选择安全帽时，一定要选择符合国家标准规定、标志齐全、经检验合格的安全帽。使用者在选购安全帽产品时还应检查其近期检验报告。近期检验报告由生

产厂家来提供，并且要根据不同的防护目的选择不同的品种，否则就达不到防护的作用。使用安全帽时，首先要了解安全帽的防护性能、结构特点，使用前一定要检查安全帽上是否有裂纹、碰伤痕迹、凹凸不平、磨损（包括对帽衬的检查）等缺陷，并掌握正确的使用和保养方法，否则，就会使安全帽在受到冲击时起不到防护作用。据有关部门统计，15%的坠落物伤人事故是因为安全帽使用不当造成的。

二、呼吸器官防护装备

油库设备应急抢修中，呼吸器官可能受到的伤害主要是有害物吸入体内后可引起急性或慢性中毒。毒物侵入人体的途径主要是呼吸道，其次是皮肤，再次是消化道。毒物进入体内积累到一定量后，便与体液、体组织作用，干扰和破坏机体的正常生理功能，引起病变，发生慢性中毒或急性中毒。大量资料统计表明，中毒事故主要来自高浓度毒物的短暂侵入或较低浓度毒物的长期接触。

呼吸护具按防护用途分为防尘、防毒和供氧三类；按作用原理分为净化式、隔绝式两类。呼吸防护产品主要有自吸过滤式防尘口罩、过滤式防毒面具、氧气呼吸器、自救器、空气呼吸器、防微粒口罩等。

呼吸器官防护是指操作人员佩戴有效、适宜的防护器具，直接防御有害气体、尘、烟、雾经呼吸道进入体内，或者供给清洁空气（氧气），从而保证其在尘、毒污染或缺氧环境中的正常呼吸和安全健康。油库设备应急抢修作业，一般使用自给式正压空气呼吸器，如图4-2所示。

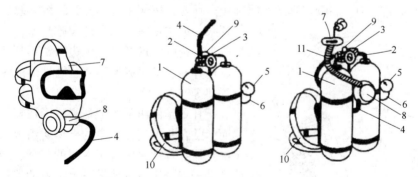

图 4-2　自给式正压空气呼吸器结构示意图

1—压缩空气钢瓶；2—钢瓶阀；3—减压器；4—中压连接管；5—压力表；6—压力表管；
7—面具；8—定量阀；9—警报装置；10—背带；11—呼吸软管

自给式正压空气呼吸器由高压空气瓶、输气管、面罩等部分组成。使用时，压缩空气经调节阀由瓶中流出，通过减压装置将压力减到适宜的压力供佩戴者使用，通常高压空气瓶的压力由 1.47×10^7 Pa 减到 $2.94\times10^5 \sim 4.9\times10^5$ Pa，人体呼出的气体从呼气阀排出。

三、眼、面部防护装备

眼、面部是人体直接裸露在外界的器官，容易受各种有害因素的伤害，特别是眼睛伤害的机率很大。在油库设备应急抢修中，眼、面部可能受到的伤害主要是异物性和化学性眼、面部伤害。眼、面部的防护用品主要有各种防护眼镜、防护眼罩、防护头盔等。

安全护目镜是防御有害物伤害眼睛的产品，如防冲击护目镜和防化学药剂护目镜等。安全型防护面罩是防御固态或液态的有害物体伤害眼、面部的产品，如钢化玻璃面罩、有机玻璃面罩、金属丝网面罩等产品。所有产品都可以在市场采购。

四、听觉器官防护装备

油库中，由于机械的转动、撞击、摩擦及气流的排放、运输车辆的运行等情况都会产生噪声。噪声对人体的影响是多方面的，一般分为特异性和非特异性作用或分为听觉系统和非听觉系统的影响。噪声对身体的影响一般表现是慢性损害，但在强大声级的突然冲击下，可能引起急性损伤。防噪声用品主要有耳塞和耳罩两类。

耳塞是插入外耳道内或置于外耳道口处的护耳器。耳塞的种类按其声衰减性能分为防低、中、高频声耳塞和隔高频声耳塞；按使用材料分为纤维耳塞、塑料耳塞、泡沫塑料耳塞和硅橡胶耳塞；按形状分为有边圆锥形耳塞、无边圆锥形耳塞、蘑菇形耳塞、圣诞树形耳塞、圆柱形泡沫塑料耳塞等。

耳罩是由压紧每个耳廓或围住耳廓四周而紧贴在头上遮住耳道的壳体所组成的一种护耳器。耳罩壳体可用专门的头环、颈环或借助于安全帽或其他设备上附着的器件而紧贴在头部（图4-3）。

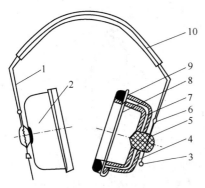

图4-3　耳罩结构

1—头环；2，4—耳罩的左右外壳；3—小轴；
5—橡胶塞；6—羊毛毡（吸声材料）；
7—泡沫塑料（吸声材料）；8—垫板；
9—密封垫圈；10—护带

五、手（臂）防护用品

油库设备应急抢修中，手（臂）可能受到的伤害主要是化学物质的腐蚀，机械性的刺、磨、切、轧、砸、挤、压伤害等。手

（臂）的防护用品有防护手套和防护袖套。防护手套用以保护肘以下（主要是腕部以下）部位免受伤害；防护袖套用以保护前臂或全臂免遭伤害。

油库设备应急抢修应使用耐油手套。耐油手套采用丁腈胶、氯丁二烯或聚氨酯等材料制成，用以保护手部皮肤避免受油脂类物质（矿物油、植物油以及脂肪族的各种溶剂油）的刺激引起各种皮肤疾病，如急性皮炎、痤疮、毛囊炎、皮肤干燥、龟裂、色素沉着以及指甲变化等。防护袖套应选用胶布套袖，适用于与水、酸碱和污物等接触的作业。

六、足部防护用品

油库设备应急抢修中，经常接触油类，油类物质不仅沾污身体，长期接触石油及其裂解物，可由皮渗入而引起各种皮肤病，一般病程较长，不易治愈。足部可能受到的伤害主要是油品渗入而引起皮肤病等。因此，足部防护用品应选择耐油防护鞋。耐油防护鞋一般用丁腈橡胶、聚氯乙烯塑料作外底，用皮革、帆布和丁腈橡胶作鞋帮。

耐油防护鞋包括耐油防护皮鞋、耐油防护胶靴、耐油防护塑料靴等品种。耐油防护鞋（靴）使用后应及时用肥皂水将表面洗抹干净，切勿用开水或碱水浸泡，或用硬刷子使劲擦洗。洗净后放在通风处晾干，然后撒少许滑石粉保存，切忌在高温处烧烤，以免损坏。

七、躯体防护用品

油库设备应急抢修中，除了接触油品外，由于静电引起的各种灾害和生产事故时有发生。因此，油库应急抢修作业人员应穿防静电工作服。防静电工作服是为了防止衣服的静电积累，用防静电织物为面料缝制而成的工作服。使用防静电工作服的要求：

（1）凡是在正常情况下，爆炸性气体混合物连续地、短时间频繁地出现或长时间存在的场所及爆炸性气体混合物有可能出现的场所，可燃物的最小点燃能量在 0.25mJ 以下时，应穿防静电服。

（2）禁止在易燃易爆场所穿脱防静电服。

（3）禁止在防静电服上附加或佩戴任何金属物件。

（4）穿用防静电服时，还应与防静电鞋配套使用，同时地面也应是导电地板。

（5）防静电服应保持清洁，保持防静电性能，使用后用软毛刷、软布蘸中性洗涤剂刷洗，不可损伤服料纤维。

（6）穿用一段时间后，应对防静电服进行检验，若防静电性能不符合标准要求，则不能再作为防静电服使用。

八、皮肤防护用品

油库设备应急抢修中，皮肤受到的伤害主要是油品的渗入而引起的皮肤病。护肤产品分为防水型、防油型、皮膜型、遮光型和其他用途型等五类。护肤产品是直接用于皮肤的物质，其材料必须不对人体皮肤黏膜产生原发性刺激和致敏作用以及化学物质经皮肤吸收而引起全身毒性作用，保证远期效应的安全性。油库作业人员除了可用防护膏和护肤霜外，皮肤清洗剂（如皮肤防护膜）也是常用的防护用品。

皮肤防护膜，又称隐形手套。这种皮肤防护膜附着于皮肤表面，阻止有害物对皮肤的刺激和吸收作用。皮肤防护膜一般采用的配方有以下几种。

（1）甲基纤维 3.9g，白陶土 7.8g，甘油 1.7g，滑石粉 7.8g，水 68.8g。

（2）补骨脂 20g，酒精 100mL。

（3）水杨酸苯酯 10g，松香 15g，酒精 100mL。

（4）干酪素 10g，无水碳酸钠 1g，纯甘油 7.5g，95%酒精 30mL，蒸馏水 26mL。

以上配方能对有机溶剂、清漆、树脂胶类引起的皮炎有一定预防作用，但不能防酸碱类溶液。

九、防坠落用具

油库设备应急抢修中存在着高空作业场所，如油罐壁堵漏。高处作业难度大、危险大，稍不注意就可能发生坠落事故。由于坠落高度、着地姿势、碰撞物不同，坠落事故一旦发生，轻则导致骨折、伤残，重则导致死亡。高处坠落伤亡事故与许多因素有关，如人的因素、物的因素、环境的因素、管理的因素、作业高度的因素等，而其中主要与作业高度密切相关。据高处坠落事故统计分析，5m 以上的高空作业坠落事故约占 20%，5m 以下的约占 80%，前者大多数是致死的事故。防坠落的用具主要有安全带和安全网。

（一）安全带

安全带是高处作业工人预防坠落伤亡事故的防护用具，由带子、绳子和金属配件组成，总称为安全带。其作用是当坠落事故发生时，使作用在人体上的冲击力小于人体的承受极限。通过合理设计安全带的结构、选择适当材料、采用合适的配件，实现安全带在冲击过程中吸收冲击能量，减少作用在人体上的冲击力，从而实现预防和减轻冲击事故对人体产生伤害的目的。

安全带按其作用分为围杆作业类安全带、悬挂作业类安全带和攀登作业类安全带。安全带的使用和保管要求如下：

（1）应选用经检验合格的安全带产品。使用和采购之前应检查安全带的外观和结构，检查部件是否齐全完整、有无损伤，金属配件是否符合要求，产品和包装上有无合格标识，是否存在影响产品质量的其他缺陷。发现产品损坏或规格不符合要求时，应及时调换或停止使用。

（2）不得私自拆换安全带上的各种配件，更换新件时，应选择合格的配件。

（3）使用过程中应高挂低用或水平悬挂，并防止摆动、碰撞，避开尖锐物质，不能接触明火。

（4）不能将安全绳打结使用，以免发生冲击时安全绳从打结处断开，应将安全钩挂在连接环上，不能直接挂在安全绳上，以免发生坠落时安全绳被割断。

（5）使用 3m 以上的长绳时，应加缓冲器，必要时，可以联合使用缓冲器、自锁钩、速差式自控器。

（6）作业时应将安全带的钩、环牢固地挂在系留点上，卡好各个卡子并关好保险装置，以防脱落。

（7）在低温环境中使用安全带时，要注意防止安全绳变硬割裂。

（8）使用频繁的安全绳应经常做外观检查，发现异常时应及时更换新绳，并注意加绳套的问题。

（9）安全带应储藏在干燥、通风的仓库内，不准接触高温、明火、强酸、强碱和尖利的硬物，也不能暴晒。搬动时不能用带钩刺的工具，运输过程中要防止日晒雨淋。

（二）安全网

安全网是用来防止高处作业人员或物体坠落，避免或减轻坠落伤亡或落物伤人，是对高处作业人员和作业面的整体防护用品。安全网的结构是由网体、边绳、系绳等组成。网体是由单丝线、绳等经编织（手工编织或机编织）而成，为安全网的主体。边绳是沿网体边缘与网体连接的绳，有固定安全网形状和加强抗冲力的作用。系绳是把安全网固定在支撑物（架上）上的绳。为了增加安全网的强度，还可以在安全网（平网）的网体中有规则地穿些筋绳。

安全网分为平网、立网和密目式安全立网。立网的安置垂直于水平面，用来围住作业面挡住人或物坠落，平网的安置平面平行于水平面或与水平面成一定夹角，用来接住坠落的人或物。

安全网的选用要求：

（1）以防止人或物体坠落伤害为主要目的时，应选用合格的平网、立网或密目式安全立网。

（2）必须严格依据使用目的选择安全网的类型，立网不能代替平网使用。

（3）所选用的新网必须有近期产品检验合格报告，旧网必须是经过检验合格并有允许使用的证明书。

（4）受过冲击、做过试验的安全网不能继续使用。

参 考 文 献

［1］蔺子军，王丰，朱建成，张晓伟.油库设备应急抢修技术［M］.北京：中国石化出版社，2010.

［2］《油库技术与管理手册》编写组.油库技术与管理手册［M］.上海：上海科学技术出版社，1997.

［3］马秀让.石油库管理与整修手册［M］.北京：金盾出版社，1992.

［4］马秀让.油库设计实用手册［M］.2版.北京：中国石化出版社，2014.

［5］马秀让.油库工作数据手册.北京：中国石化出版社，2011.

［6］杨进峰.油库建设与管理手册［M］.北京：中国石化出版社，2007.

编 后 记

20 年前，我和老同学范继义曾参加《油库技术与管理手册》一书的编写，2012 年我们两个老战友、老同学、老同乡、"老油料"，人老心不老，在新的挑战面前不服老，不谋而合地提出合编《油库业务工作手册》。两人随即进行资料收集，拟定编写提纲，并完成部分章节的编写，正准备交换编写情况并商量下一步工作时，范继义同志不幸于 2013 年 6 月离世。范继义的离世，我万分悲痛，也中断了此书的编写。

范继义同志是原兰州军区油料部高级工程师。他一生致力于油料事业，对油库管理，特别是油库安全管理造诣很深，参加了军队多部油库管理标准的制定，编写了《油库设备设施实用技术丛书》《油库安全工程全书》《油库技术与管理知识问答》《油库安全管理技术问答》《油库加油站安全技术与管理》《油库千例事故分析》《加油站百例事故分析》《油罐车行车及检修事故案例分析》《加油站事故案例分析》等图书。他的离世是军队油料事业的一大损失，我们将永远牢记他的卓越贡献。

范继义同志走后，我本想继续完成《油库业务工作手册》的编写，但他留下的大量编写《油库业务工作手册》素材的来源、准确性无法确定及他编写的意图很难完全准确理解，所以只好放弃继续完成这本巨著。但是其中很多素材是非常有价值的，再加上自己完成的部分书稿和积累的资料和调研成果，于是和石油工业出版社副总编辑章卫兵、首席编辑方代煊一起策划了《油库技术与管理系列丛书》。全套丛书共 13 个分册，从油库使用与管理者实际工作需要出发，收集了国内外油库管理及建设的新知识、新技术、新工艺、新标准、新设备和新材料，总结了国内油库管理的新经验和新方法，涵盖了油库技术与业务管理的方方面面。希望这套丛书能为读者提供有益的帮助。

马秀让

2016.9